U0257006

BLUE BOOK

智库成果出版与传播平台

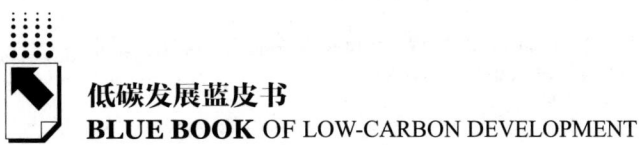

低碳发展蓝皮书

BLUE BOOK OF LOW-CARBON DEVELOPMENT

福建"碳达峰、碳中和"报告（2021）

ANNUAL REPORT ON FUJIAN CARBON PEAK AND CARBON NEUTRALITY (2021)

国网福建省电力有限公司经济技术研究院 / 编

社会科学文献出版社
SOCIAL SCIENCES ACADEMIC PRESS（CHINA）

图书在版编目（CIP）数据

福建"碳达峰、碳中和"报告．2021／国网福建省
电力有限公司经济技术研究院编．－－北京：社会科学文
献出版社，2021.9
（低碳发展蓝皮书）
ISBN 978 – 7 – 5201 – 8700 – 8

Ⅰ.①福…　Ⅱ.①国…　Ⅲ.①二氧化碳 – 排气 – 研究
报告 – 福建 – 2021　Ⅳ.①X511

中国版本图书馆 CIP 数据核字（2021）第 146539 号

低碳发展蓝皮书
福建"碳达峰、碳中和"报告（2021）

编　　者／国网福建省电力有限公司经济技术研究院

出 版 人／王利民
责任编辑／陈凤玲　武广汉
责任印制／王京美

出　　版／社会科学文献出版社 · 经济与管理分社（010）59367226
　　　　　地址：北京市北三环中路甲 29 号院华龙大厦　邮编：100029
　　　　　网址：www. ssap. com. cn
发　　行／市场营销中心（010）59367081　59367083
印　　装／天津千鹤文化传播有限公司

规　　格／开本：787mm × 1092mm　1/16
　　　　　印 张：16　字 数：235 千字
版　　次／2021 年 9 月第 1 版　2021 年 9 月第 1 次印刷
书　　号／ISBN 978 – 7 – 5201 – 8700 – 8
定　　价／128.00 元

编写单位简介

国网福建省电力有限公司经济技术研究院　成立于2012年，是国网福建省电力有限公司智库单位、福建省首批重点智库建设试点单位，长期承担能源经济、产业与政策、低碳发展、电力规划和电网工程经济技术等研究工作，内设政策与发展研究中心（碳中和研究中心）、规划研究中心、技术经济中心、设计评审中心等专业研究中心，已建成"碳达峰、碳中和研究实验室""能源经济与电力供需实验室""输电网规划与仿真实验室""智能配电网规划技术实验室""电力工程技术经济实验室"等5个支撑平台，研究人员硕博占比达73%。成立以来，在能源经济、电网规划、产业与政策、低碳发展方面形成了一系列有深度、有价值、有影响力的决策咨询成果，累计获得国家优质工程金奖、中国电力优质工程奖等省部级及以上奖励22项，牵头和参与制定技术标准28项，承担省部级及以上能源电力重大规划项目15项，咨询研究成果获得中央领导同志的批示肯定，申请并获授权国家发明专利300余项，公开发表学术论文100余篇。

摘　要

为共同应对全球气候变化带来的挑战，2015 年《巴黎协定》提出：到本世纪末把全球平均气温较工业化前水平上升幅度控制在 2℃ 以内，并努力把温升幅度控制在 1.5℃ 以内。2020 年 9 月以来，习近平主席先后多次向国际社会郑重宣示，中国将于 2030 年前实现碳达峰，力争 2060 年前实现碳中和。2021 年 3 月 22 日至 25 日，习近平总书记在福建省调研期间强调，要把碳达峰、碳中和纳入生态省建设布局，科学制定时间表、路线图。福建省作为全国首个国家生态文明试验区，有能力也有责任成为二氧化碳减排工作的"先行者"和"排头兵"。因此，需要系统梳理福建省二氧化碳减排情况，并科学制定符合本省经济社会发展、能源环境资源禀赋、技术发展水平的碳达峰、碳中和发展路径。

本书由国网福建省电力有限公司经济技术研究院编撰。全书聚焦碳达峰、碳中和目标，紧跟低碳发展最新动态，基于 EKC - STIRPAT 等模型研判福建省碳达峰、碳中和情况及发展趋势，科学测算福建省碳汇资源和碳捕集能力，总结福建省实现碳达峰、碳中和目标的基础优势与现实困难，提出低碳发展蓝图。全书包括五部分，分别为总报告、分报告、能源治理篇、专题篇、国际借鉴篇。

总报告分析了碳达峰、碳中和的国内外情况，研究了欧盟、美国、日本等国家和地区的碳减排路径并总结经验启示；从国家领导人指示部署、部委顶层设计、省市落实情况等方面分析了我国碳达峰、碳中和工作的整体情况；总结了福建省推进碳达峰、碳中和的优势和困难挑战，并围绕能源、产业、生态、技术、政策等五个方面规划了福建省绿色低碳发展的蓝图。截至2020年底,全球已有54个国家实现碳达峰,已有超过130个国家和地区提出了碳中和目标,欧盟、美国等发达国家(地区)从碳达峰到碳中和的时间跨度为50~70年。2020年,我国已向世界承诺二氧化碳排放力争于2030年前达到峰值,努力争取2060年前实现碳中和,从碳达峰到碳中和的过渡期仅为发达国家(地区)的一半,碳减排工作时间紧、任务重。福建省实现碳达峰、碳中和具有能源转型优势突出、碳汇资源储备丰富、低碳产业发展迅猛、区位优势不可替代等四大优势,但同样存在困难挑战。为早日实现碳达峰、碳中和目标,福建省应重点聚焦"五大领域"、推动"五个协同"——在能源领域推动供给和消费协同转型,在产业领域推动结构与布局协同优化,在生态领域推动林业与海洋协同共进,在技术领域推动减排与捕集协同突破,在政策领域推动激励与约束协同作用,全方位促进经济社会绿色转型,实现清洁低碳发展。

分报告重点对福建省碳排放、碳汇、碳市场、低碳技术等方面的现状进行分析,并展望2030年和2060年发展趋势,在此基础上,分别提出针对性建议。首先,系统回顾了福建省碳排放情况,并对福建省碳达峰情况进行预测;接着,客观分析了福建省碳汇资源,并对福建省林木碳汇、海洋碳汇、土壤碳汇的发展趋势进行研判;然后,对比了全国碳市场和福建试点碳市场建设运行情况,并对未来碳市场建设进行了展望;再全面梳理了福建省低碳技术发展现状和未来发展潜力;再深入盘点了控碳减碳相关政策;最后,对福建省碳中和情况进行趋势预测。

能源治理篇重点研究福建省能源"双控"形势、福建省终端用能电气化水平等重要问题。首先,从政策发展历程、工作成效、面临形势等方面对福建省能源"双控"工作进行分析;其次,对福建省全社会及重点领域电气化率发展情况进行分析,并对发展趋势进行预测,为能源转型和能源治理体系与治理能力现代化建设提供参考。

专题篇针对科学设计能源系统碳中和的中国方案、综合能源系统助力实现"双碳"目标、信息与通信技术部门碳减排、碳中和愿景实现与经济高质量发展等方面开展专题研究，探讨碳达峰、碳中和目标实现与能源系统碳中和、综合能源系统、信息与通信技术部门发展、经济高质量发展的关系，可为相关行业和研究机构提供借鉴参考。

国际借鉴篇分别对发达国家（地区）推动绿色低碳发展的经验与启示、国外碳市场发展运行情况进行了研究分析，从发达国家（地区）低碳发展现状、低碳发展举措、碳市场运行等方面总结经验教训，为相关政策制定、策略研究提供借鉴参考。

本书的研究内容对政府部门制定碳达峰、碳中和相关政策制度，行业和企业明确减排发展路径，研究机构和高等院校开展节能减排研究，社会公众了解福建省碳排放情况等都具有较高的参考价值。

关键词：　福建省　碳达峰　碳中和　低碳发展　高质量发展

目 录 ◥◆◆◆◆◆

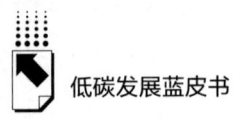
皮书数据库阅读**使用指南**

总 报 告
General Report

B.1

2021年福建省碳达峰、碳中和发展报告

—— 擘画福建省低碳发展新蓝图，谱写全方位推进高质量发展新篇章

福建"碳达峰、碳中和"报告课题组*

摘　要：　控制碳排放、早日实现碳中和是人类应对温室效应和全球气
　　　　　候变暖的必由之路。为如期实现碳中和愿景，首先必须高质
　　　　　量、高标准实现碳达峰目标。截至2020年底，全球已有54个国
　　　　　家实现碳达峰，2个国家实现碳中和，超过130个国家和地区
　　　　　提出了碳中和目标。我国已承诺2030年前实现碳达峰、2060年
　　　　　前实现碳中和，较发达国家而言，我国碳减排工作时间紧、
　　　　　任务重，需要以"抓铁有痕"的劲头谋划推进各项工作。福
　　　　　建是全国首个国家生态文明试验区，实现碳达峰、碳中和目

---

* 课题组组长：雷勇。课题组副组长：蔡建煌、杜翼。课题组成员：李益楠、李源非、张林
　垚、陈柯任、陈晗、陈晚晴、林红阳、林昶咏、郑楠、项康利、施鹏佳、蔡期塬。执笔：雷
　勇，工学硕士，国网福建省电力有限公司经济技术研究院，主要研究领域为能源经济、电网
　规划、输变电工程设计；杜翼，工学硕士，国网福建省电力有限公司经济技术研究院，主要
　研究领域为能源经济、电网规划、能源战略与政策。

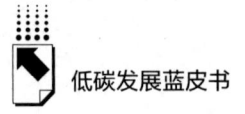
标的优势条件突出，但困难挑战也同样明显。为早日实现碳达峰、碳中和目标，福建省应重点聚焦"五大领域"、推动"五个协同"——在能源领域推动供给和消费协同转型，在产业领域推动结构与布局协同优化，在生态领域推动林业与海洋协同共进，在技术领域推动减排与捕集协同突破，在政策领域推动激励与约束协同作用，全方位促进经济社会绿色转型，实现清洁低碳发展。

关键词： 碳达峰　碳中和　绿色低碳　高质量发展

一　碳达峰、碳中和的国际情况

（一）碳达峰、碳中和的起源与概念

随着人类经济社会的不断发展，特别是第二次工业革命以来，人口激增、化石能源大量燃烧、海洋生态环境改变，大气中的温室气体不断增加，导致地气系统吸收与发射的能量不平衡，能量不断在地气系统累积，从而使得温度上升，造成全球气候变暖。全球气候变暖将导致极端天气、自然灾害频发和生态圈断裂，继而带来全球性系统风险，严重威胁人类的生存和发展。

应对全球气候变暖问题，已成为全世界各国共同的挑战。2015年《巴黎协定》提出"到本世纪末把全球平均气温较工业化前水平上升幅度控制在2℃以内，并努力把温升幅度限制在1.5℃以内"的目标。协定基于该目标提出本世纪下半叶实现温室气体源的人为排放与汇的清除之间的平衡，这一平衡通常被称为碳中和，即碳排放和吸收相互抵消，实现净零排放。从广义上看，碳中和指《京都议定书》及其多哈修正案中规定的七种温室气体（二氧化碳、甲烷、氧化亚氮、氢氟碳化合物、全氟碳化合物、六氟化硫和三氟化氮）的净零排放，狭义上指二氧化碳的净零排放。为了实现碳中和，除尽可能降低碳排放之外，还需要通过碳汇（以植树造林等方式吸收碳排放）、碳捕集（以技术手段对碳排放进行捕捉、封存或再利用）抵消所产生的碳排放量。巴黎气候大会形成了以"国家自主贡献（NDC）＋每五年一次全球集体盘点"为核心的全球气候治理新机制，截至2017年底，全球已有超过180个国家和地区基于自身国情和发展阶段提交了面向2030年的自主减排目标。[①]

然而，世界气象组织的气候状况监测显示，2018年全球平均温度比工业化前水平高1.0℃左右，处于有现代观测记录以来第四位。现有的国家自主贡献减排方案远不能满足温升控制目标。2018年，联合国政府间气候变化专门委员会（IPCC）发布《1.5℃温升特别报告》指出：控制1.5℃温升与控制2℃温升相比，能避免大量气候变化带来的损失与风险，但要求至2030年减排45%，本世纪中叶实现全球温室气体净零排放。整体来看，该报告更加凸显应对气候变化的紧迫性，强化了全球实现碳中和的目标导向。

从生态环境治理的长期路径看，随着人类社会的发展，碳排放会经历先增后减、最后趋于中和的过程。碳达峰是指碳排放达到峰值、由增转降的历史拐点。实现碳达峰是碳中和的基础和前提，达峰时间越早、峰值水平越低，实现碳中和的代价越小、效益越高。因此，为了在保障经济社会充分发展的同时实现碳中和的远景目标，必须高质量、高标准实现碳达峰。

（二）世界各国碳达峰、碳中和现状

从碳达峰情况看，据世界资源研究所统计，截至2020年底，全球有54个国家已实现碳达峰，[②] 其碳排放量占全球碳排放总量的40%。这54个国家达峰时间分布为：1990年以前18个、1990～2000年13个、2001～2010

---

① 潘勋章、王海林：《巴黎协定下主要国家自主减排力度评估和比较》，《中国人口·资源与环境》2018年第9期。

② 《走进碳达峰碳中和丨碳达峰——世界各国在行动》，搜狐网，https://www.sohu.com/a/445563820_100188001，2021年1月19日。

年 19 个、2011～2020 年 4 个。已实现碳达峰的国家中，大部分属于工业化后期的发达国家，如美国、德国等；还有少量以第三产业为主导产业的小国，如冰岛等。截至 2020 年，在碳排放量排名前 15 位的国家中，美国、俄罗斯、日本、巴西、印度尼西亚、德国、加拿大、韩国、英国和法国已经实现碳达峰，中国、墨西哥、新加坡等国家承诺在 2030 年以前实现碳达峰。

从碳中和情况看，根据国际能源和气候情报研究院（ECIU）统计，截至 2020 年底，已有超过 130 个国家和地区提出了碳中和目标，[①] 已实现碳中和的有 2 个国家，已立法的有 6 个国家，处于立法中的有欧盟（作为整体）和其他 5 个国家，有 20 个国家发布了正式的政策宣示（见表 1），提出目标但尚处于讨论过程中的国家和地区近 100 个。

表 1 已实现碳中和或提出明确碳中和目标的国家

进展情况	国家和地区（承诺时间点）
已实现	苏里南、不丹
已立法	瑞典（2045）、英国（2050）、法国（2050）、丹麦（2050）、新西兰（2050）、匈牙利（2050）
立法中	欧盟（2050）、加拿大（2050）、韩国（2050）、西班牙（2050）、智利（2050）、斐济（2050）
政策宣示	芬兰（2035）、奥地利（2040）、冰岛（2040）、美国（2050）、日本（2050）、南非（2050）、德国（2050）、巴西（2050）、瑞士（2050）、挪威（2050）、爱尔兰（2050）、葡萄牙（2050）、巴拿马（2050）、哥斯达黎加（2050）、斯洛文尼亚（2050）、安道尔（2050）、梵蒂冈（2050）、马绍尔群岛（2050）、哈萨克斯坦（2050）、中国（2060）

数据来源：国际能源和气候情报研究院（ECIU）。

（三）主要国家和地区碳减排路径及启示

1. 欧盟碳减排路径

欧盟 27 国作为整体在 1990 年就实现了碳达峰，[②] 但各成员国达峰时间差异较大。德国等 9 个成员国的达峰时间早于 1990 年，其余 18 个成员国分

[①] 国际能源和气候情报研究院（ECIU），http://eciu.net/netzerotracker。

[②] 王鹏、梁鑫垚：《碳达峰和碳中和对资产管理行业的影响——理论逻辑与实现路径》，北极星大气网，https://huanbao.bjx.com.cn/news/20210624/1160031.shtml，2021 年 6 月 24 日。

别在 1991～2008 年实现碳达峰。为实现更高的碳减排目标，欧盟决定到 2030 年时温室气体排放比 1990 年减少不低于 55%，并于 2050 年实现碳中和。

为了实现碳减排目标，欧盟形成了贯彻低碳发展战略目标的路线图和涵盖市场、金融、财政、标准、法规等多个领域的政策措施。2011 年，欧盟通过了《2050 年迈向具有竞争力的低碳经济路线图》，提出了 2050 年欧盟实现温室气体排放量较 1990 年减少 80%～95% 目标的方法，包括发展清洁能源、循环经济、绿色交通等。2019 年，欧盟发布《绿色欧洲协议》，在能源、工业、农业、生产消费、基础设施、交通运输、社会福利等方面进一步细化了碳减排系列配套保障措施。2020 年，欧盟公布《欧洲气候法（草案）》，旨在从法律层面确保欧洲到 2050 年成为首个碳中和大陆，并设立 7500 亿欧元的专项基金，重点为电动汽车、低碳电力生产、氢燃料等领域提供支持。

2. 美国碳减排路径

美国于 2007 年实现碳达峰，比德国、英国、法国等欧洲发达国家晚 15 年以上，且峰值水平较高。国际能源署（IEA）测算，美国碳达峰时的人均排放量较欧盟人均水平高出 138%，美国总统拜登已明确表示，美国将在 2035 年通过可再生能源实现无碳发电，并于 2050 年实现碳中和。

美国的低碳发展路径和政策设计经历了较大波折。2013 年，奥巴马政府制定"总统气候行动计划"，提出了 2020 年温室气体排放量较 2005 年下降 17% 的目标，并制定了分领域落实措施，包括更新发电厂碳排放标准、发展新能源、提高能效、定期开展能源评估等。2014 年，推出"清洁电力计划"，要求 2030 年之前将发电厂的二氧化碳排放在 2005 年的水平上削减至少 30%，这是美国首次对现有和新建燃煤电厂的碳排放进行限制。2017 年，特朗普政府宣布美国退出《巴黎协定》，全国范围内低碳政策推行陷入停滞，但仍有 50 个州自主制定了减少温室气体排放的目标，其中加州宣布于 2045 年实现碳中和。2021 年，拜登政府宣布重返《巴黎协定》，并承诺投资 2 万亿美元用于清洁能源、基础设施等领域，重点措施包括：在交通领

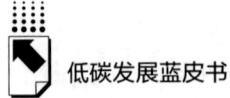
域，加快发展城市零碳交通、推进"第二次铁路革命"；在建筑领域，加快建筑节能升级，推动新建建筑零碳排放；在能源领域，加快发展新能源，推进储能、绿氢、核能、碳捕集等技术研发。

3. 日本碳减排路径

日本于 2013 年实现碳达峰，峰值水平的人均排放量较欧盟人均水平低8.7%。2020 年，日本宣布"到 2050 年国内温室气体排放达到实质上为零"，即实现碳中和目标。

2020 年 12 月，日本政府发布《绿色增长战略》，提出了 2050 年日本实现碳中和目标的进度表。在能源领域，重点发展可再生能源，实现 2050 年可再生能源发电占比过半。其中海上风电将成为日本未来电力领域的发力重点，目标是到 2030 年海上风电装机增至 10 吉瓦、2040 年达到 30 ~ 45 吉瓦。在交通领域，明确提出将在 15 年内逐步停售燃油汽车，同时降低充电费用，使电动汽车全寿命周期综合费用降至与燃油汽车相当的水平。此外，日本提出将在 2021 年引入碳价机制助力碳减排。

4. 对中国的启示

研究欧盟、美国、日本等发达经济体的碳达峰情况、碳中和路径，可以得到以下启示。

一是中国实现碳中和目标时间紧、任务重。截至 2020 年底，已有超过130 个国家和地区提出了碳中和目标或愿景，多数在 2050 年左右，中国为2060 年。然而，欧盟、美国等发达国家和地区碳达峰时间在 1990 ~ 2010 年，从碳达峰到碳中和的时间跨度达到 50 ~ 70 年。中国从实现碳达峰到实现碳中和的时间跨度仅为 30 年，约是发达国家和地区的一半，且碳排放总量超过100 亿吨，远高于发达国家和地区，减排总量大、时间短、任务艰巨。

二是发电及终端部门的清洁能源利用和能效提升是推进碳减排的重要路径。在电力领域，大力发展可再生能源发电，缩减煤电、气电规模，发展"火电 + 碳捕集"作为必要补充；在工业领域，大力推进工业过程电气化，提高能源效率和材料回收率等；在建筑领域，推进建筑用能电气化，提高建筑标准进而提高建筑能效，发展可持续建筑等；在交通领域，加快乘用汽

车、铁路等领域的电气化发展，在航空、重型车辆等领域发展氢燃料/混合燃料代替传统化石燃料，提倡绿色出行等。

二 碳达峰、碳中和的国内情况

（一）全国及各省份碳排放情况

从碳排放总量看，2018 年全国（不含西藏、香港、澳门和台湾）碳排放总量为 105 亿吨。[①] 有统计数据的全国 30 个省级行政区碳排放总量如图 1 所示。各省区市碳排放总量差异显著，排名前五的地区为河北、山东、江苏、内蒙古和广东，均属于化石能源消费较为集中或自身产业结构偏向于重化工业的省份[②]，它们在大量为外省份提供能源密集型产品的同时，也导致自身排放量显著增加。排放总量较少的省份以第三产业为主或工业体量相对较小，如海南、青海、北京、天津和重庆等。

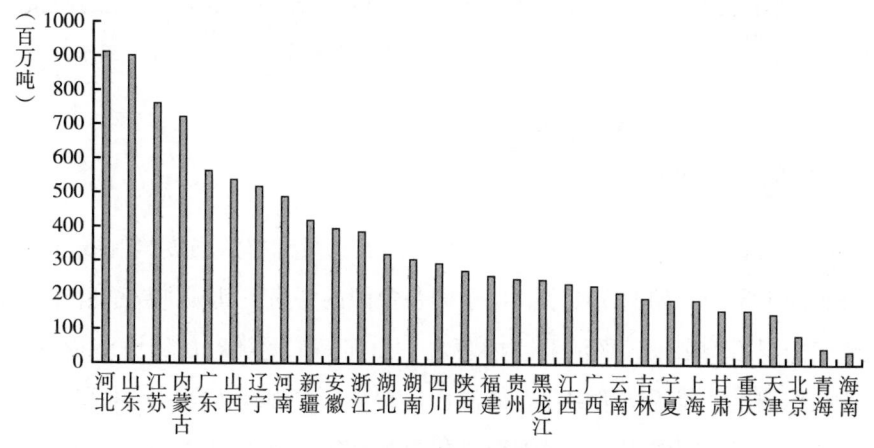

图 1 2018 年全国 30 个省份碳排放总量情况

数据来源：CEADs 数据库。

---

① 本报告中中国及各省份碳排放相关数据均来自中国碳排放数据库（CEADs），截至 2021 年 6 月，数据库已更新 2018 年中国及各省份碳排放数据。

② 本书中省份包括省、自治区、直辖市。

从碳排放强度看，2018 年全国碳排放强度为 1152 千克/万元。有统计数据的 30 个省级行政区的碳排放强度如图 2 所示。其中，有 13 个省级行政区的碳排放强度高于全国平均水平。碳排放强度排名前五的地区为宁夏、内蒙古、山西、新疆、河北，以北方能源、工业大省为主。碳排放强度较低的地区为北京、上海、广东、浙江、福建，以服务型都市和东南沿海发达省份为主。

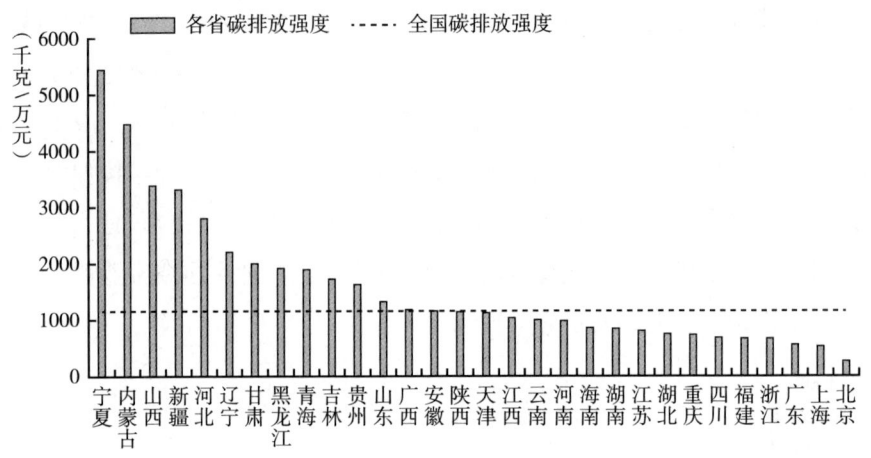

图 2　2018 年各省份碳排放强度情况

数据来源：根据 CEADs 数据库数据测算。

综合来看，将 30 个省级行政区的碳排放总量和排放强度绘制成散点图并分为四个象限，如图 3 所示。位于第一象限的省份，其碳排放总量和强度均高于全国平均水平，如河北、内蒙古、山西等，此类省份经济体量较大、产业结构偏重，能源结构中化石能源占比较高，实现碳达峰、碳中和压力较大。位于第四象限的省份，虽然碳排放总量较低，但其排放强度高于全国，如宁夏、黑龙江、甘肃、青海等，此类省份经济体量小于第一、第二象限省份，但其产业结构偏重、对化石能源依赖偏高，导致其碳排放强度偏高，实现碳达峰、碳中和同样面临较大压力。位于第二象限的省份，碳排放总量较高，但排放强度低于全国，如江苏、广东、河南、浙江等，此类省份的产业结构、能源结构和能效水平均比较合理，但由于排放总量较大，是决定全国能否如期实现碳达峰、碳中和的重要战场，未来需通过创新政策和升级技术推动碳排放总量降低。位于第三象限的省份，碳排放总量和强度均在低位，如北京、上海、福建、四川、海南等，此类省份实现碳达峰、碳中和压力相对较小，但仍需维持良好发展势头，确保如期实现碳达峰、碳中和目标。

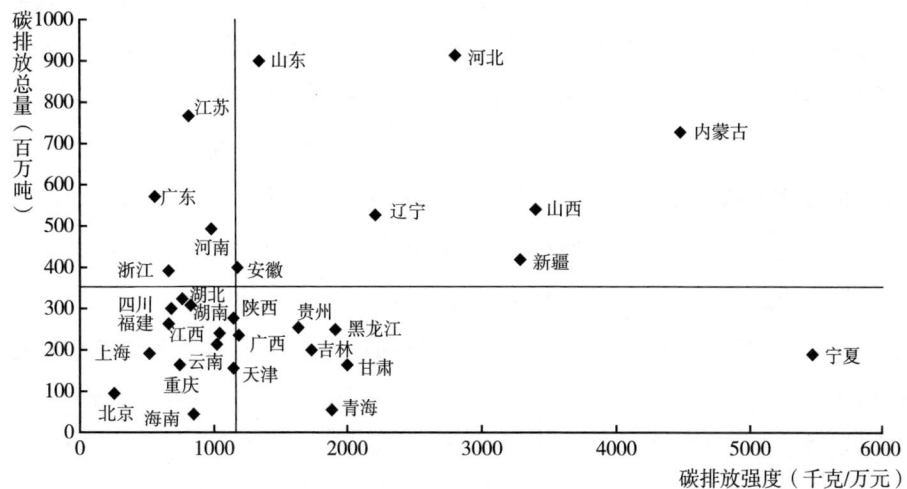

图3　2018年各省份碳排放总量与强度四象限图

数据来源：根据CEADs数据库数据测算。

（二）我国碳达峰、碳中和政策情况

1. 中央领导指示部署

2020年以来，习近平总书记多次在国内外重要会议上对我国推进碳达峰、碳中和做出重要政策宣示和指示部署。2020年9月22日，习近平主席在第七十五届联合国大会一般性辩论上发言，明确提出我国二氧化碳排放力争于2030年前达到峰值，努力争取2060年前实现碳中和，首次向国际社会明确了我国实现碳达峰、碳中和的时间节点。2020年12月21日，习近平主席在气候雄心峰会上发言，明确提出到2030年，中国单位GDP二氧化碳排放将比2005年下降65%以上，非化石能源占一次能源消费的比重将达到25%左右，森林蓄积量将比2005年增加60亿立方米，风电、太阳能发电总装机容量将达到 12 亿千瓦以上。2021 年 3 月 15 日，习近平总书记在中央财经委员会第九次会议上强调，"十四五"是碳达峰的关键期、窗口期。实现碳达峰、碳中和是一场广泛而深刻的经济社会系统性变革，要把碳达峰、碳中和纳入生态文明建设整体布局，拿出"抓铁有痕"的劲头，如期实现 2030 年前碳达峰、2060 年前碳中和的目标。2021 年 4 月 16 日，习近平主席在中法德三国领导人视频峰会上明确提出，中国已决定接受《〈蒙特利尔议定书〉基加利修正案》，加强非二氧化碳温室气体管控。2021 年 4 月 22 日，习近平主席在领导人气候峰会上讲话，明确中国将严控煤电项目，"十四五"时期严控煤炭消费增长、"十五五"时期逐步减少。习近平总书记在多次会议上的宣示和部署，将我国碳达峰、碳中和工作由总体愿景逐步细化为有目标、有指标、有措施、有任务的行动指南。

福建是习近平生态文明思想的重要孕育地，也是践行这一重要思想的先进省份。2021 年 3 月 22 日至 25 日，习近平总书记在福建考察期间指出，要把碳达峰、碳中和纳入生态省建设布局，科学制定时间表、路线图，建设人与自然和谐共生的现代化。习近平总书记亲自为福建实现碳达峰、碳中和目标，加快生态省建设提出了总体要求，布置了重点任务，既是福建加快清洁低碳转型、助力全方位推进高质量发展超越的重大机遇，也赋予了福建重要的责任和使命，要求福建加快探索碳达峰、碳中和的路径和方案，成为全国碳达峰、碳中和工作的先行者和排头兵。

2. 国家部委及央行等部门的政策、报告

2021 年政府工作报告明确指出，要扎实做好碳达峰、碳中和各项工作，制定 2030 年前碳排放达峰行动方案，并从优化产业结构和能源结构、培育壮大节能环保产业、完善配套市场机制、发展绿色金融等方面，提出了我国推进碳减排工作的总体框架。截至 2021 年 5 月底，相关部委均已就未来减排工作做出安排，其中国家发展和改革委员会（以下简称国家发改委）提出"大力调整能源结构、加快推动产业结构转型、着力提升能源利用效率、加速低碳技术研发推广、健全低碳发展体制机制、努力增加生态碳汇"等六大发力领域，为全面落实政府工作报告要求，做好碳达峰、碳中和工作做了总体布局。

从政策出台阶段看，多数部委政策仍处于编制阶段，如生态环境部明确2021年将编制"2030年前碳排放达峰行动方案"，并将有关工作纳入中央生态环保督察；工信部将实施工业低碳行动和绿色制造工程；科技部将编制"碳中和技术发展路线图"等。少数部委政策进入征求意见阶段，如住建部发布《关于加强县城绿色低碳建设的意见（征求意见稿）》、生态环境部发布《碳排放权交易管理暂行条例（草案修改稿）》等，仅央行率先推出了新版《绿色债券支持项目目录》。整体来看，国家部委层面的政策总体处于前期准备阶段。

从政策主要内容看，能源和工业领域是政策的主体和重点，能源转型和钢铁压降的目标明确，包括加快风电光伏发展、压减粗钢产量等。除了对能源和工业部门的直接调控外，金融、科技、生态是三大主要辅助领域，如央行提出将通过绿色贷款、绿色债券等加大对碳减排投融资活动的支持；财政部表示将研究碳减排相关税收问题；科技部将加大碳减排科技攻关；生态环境部将建立碳排放交易基金、建立全国统一的碳市场。

3. 省级层面政策方案

截至2021年5月，各省份普遍已经开始制定碳达峰、碳中和行动方案，除香港、澳门和台湾外，全国31个省级行政区均已明确"十四五"总体规划和2021年重点任务。

一是明确碳达峰目标。截至2021年2月，全国省级层面已有8个地区明确计划在全国碳达峰之前率先达峰，[1] 具体可分为两类：第一类是东部沿海发达省份，包括上海、江苏、福建、广东、天津，此类地区经济发达、产业结构合理，对高耗能、高排放行业依赖度相对较低；第二类是旅游业占比高、工业占比低的省份，包括海南、青海、西藏。此外，全国已有80多个低碳试点城市研究提出碳达峰目标，其中青岛、南京等42个城市提出在2025年前实现碳达峰。[2]

① 江晓蓓：《部分地区和企业碳中和最新进展：率先达峰成为关键词》，中能网，https：//newenergy.in-en.com/html/newenergy-2401726.shtml，2021年3月3日。

② 《已有超80省市提出达峰目标 四类城市碳达峰路径不一》，国际节能环保网，https：//huanbao.in-en.com/html/huanbao-2336229.shtml，2021年2月5日。

二是部署行动计划。各省份已出台的碳减排措施与中央思路基本一致，普遍强调能源结构调整、产业结构优化，以及在金融、科技和生态等领域提供支持。如辽宁、广东、吉林等省份将发展清洁能源作为 2021 年重点工作内容；浙江、山东、贵州等省份明确提出了对钢铁、电解铝、烧碱、水泥、甲醇等高耗能产业的监管和限制措施。

三是推行特色举措。浙江、重庆、湖南等提出开展低碳园区和"零碳"示范区创建；上海、贵州在公共领域全面推广新能源汽车，推进充电桩、换电站、加氢站建设，倡导低碳绿色出行；山西推动煤矿绿色智能开采，推动煤炭分质分级梯级利用。

三 福建省推进碳达峰、碳中和形势分析

（一）优势分析

福建省作为全国首个国家生态文明试验区，碳排放管控水平长期位居全国前列。2018 年，福建省二氧化碳排放总量为 2.61 亿吨，居全国第 16 位；碳排放强度为 676.4 千克/万元，仅为全国平均水平的 58.9%。总体来看，福建省推进自身碳达峰、碳中和工作，服务全国碳达峰、碳中和目标，具备以下"四大优势"。

1. 能源转型优势突出

能源是最大的碳排放源，占比达 88%，降低能源领域碳排放是实现碳达峰、碳中和目标的关键所在。从供给侧看，一是福建省海上风电资源富裕充足，全省已勘探规模超 7000 万千瓦，[1] 未来将成为保障能源清洁供应的"主力军"。二是福建省核电厂址资源得天独厚，截至 2021 年 5 月，全省核电装机 986 万千瓦，[2] 排名全国第二，占总发电装机的比重为 15.2%、排名

---

[1] 《福建省海上风电场工程规划报告（2021 年修编）（征求意见稿）》。
[2] 核电数据来自国网福建省电力有限公司。

全国第一，未来将成为能源供应的"压舱石"。从需求侧看，电力是最清洁低碳的终端能源，终端电气化率每提高一个百分点，相当于减排二氧化碳136.3万吨。2020年福建省终端电气化率高达29.8%，高于全国2.8个百分点，排名居全国第5位。

2. 碳汇资源储备丰富

福建省属于亚热带季风气候，高温多雨，山地丘陵绵延，气候与地质条件适合森林生长，森林覆盖率达66.8%，[①] 连续40多年保持全国第一；森林蓄积量7.3亿立方米，居全国第7位。同时，福建省海岸线长度为3752公里，居全国第2位，海洋生态系统规模庞大、结构完整，具备充沛的碳汇潜力。下阶段，森林质量精准提升工程的持续推进和海洋碳汇标准体系的逐步完善，将更好地推动福建省森林和海洋资源优势转化为碳汇资源优势，为碳减排提供"绿色动力"和"蔚蓝能量"。

3. 低碳产业发展迅猛

宁德已成为全球最大的聚合物锂电池生产基地，龙头企业宁德时代动力电池出货量连续四年位居全球榜首；福清海上风电产业园已入驻包括金风科技在内的多家知名企业，是集海上风电装备技术研发、设备制造、建设安装、试验检测、运行维护于一体的全产业链海上风电研发中心和装备制造基地；莆田、泉州等地已形成较大规模的光伏产业制造集群，龙头企业金石能源异质结电池转换效率已突破25%。通过发挥龙头企业和产业园区的引领带动、资源聚合作用，福建有望打造国家级乃至世界级的低碳产业技术、标准、成果和装备输出高地。

4. 区位优势不可替代

福建东临宝岛台湾、西通华中腹地、南接粤港澳、北连长三角，是多个区域协同发展战略的交汇点。福建省通过强化对内联结、拓宽对外开放通道，将有望成为构建国内国际双循环的重要节点。从能源电力互联互通情况

---

① 《2020年福建省生态环境状况公报》，福建省生态环境厅，http://sthjt.fujian.gov.cn/ztzl/hjzl/fjshjzkgb/lngb/202106/t20210618_5627332.htm，2021年6月18日。

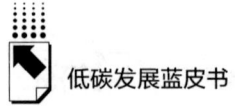

看，福建省浙福特高压工程已投运，闽粤电力联网工程于 2021 年 4 月正式
开工，闽台、闽赣电力联网方案初步形成。下阶段，通过持续推进能源基础
设施建设，加快打造东南能源大动脉，将有效促进东南沿海、华中腹地以及
海峡两岸的资源优化配置，助力全国实现碳达峰、碳中和目标。

（二）困难挑战分析

1. 碳排放增长态势仍未改变

福建省承担了"一带一路"、闽台融合发展等重大使命，正处于全方位
推进高质量发展超越的关键阶段。在政策与资金的双重驱动下，全省产业规
模将持续扩张，进而不可避免地带动碳排放量同步攀升。未来 1 ~ 2 年，
"后疫情"时期叠加"十四五"开局，经济增长将迎来显著反弹，大批重点
项目陆续上马，福建省面临着"既保增长，又控碳排"的挑战。

2. 产业结构低碳化还需提速

经济结构上，福建省仍以第二产业为支柱，2020 年第二产业增加值占
GDP 的比重为 46.3%，[①] 高于全国 8.5 个百分点。用能结构上，高耗能行业
占比仍然偏高，六大高耗能行业占能源消费总量的 50.5%，高于全国 1.7
个百分点。综合来看，经济发展对能源需求依赖度较高，产业结构低碳化转
型还需进一步提速。

四 福建省绿色低碳发展蓝图

总体来看，福建省实现碳达峰、碳中和目标的优势条件突出，但困难挑
战也同样存在。为此，应在统筹全省碳排放形势与经济社会发展状况的基础
上，聚焦"五大领域"、推动"五个协同"，全方位促进经济社会绿色转型，
为美丽中国建设贡献"福建智慧"和"福建力量"。

---

① 《2020 年福建省国民经济和社会发展统计公报》，福建省人民政府，https：//www. fujian.
gov. cn/zwgk/sjfb/tjgb/202103/t20210301_ 5542668. htm，2021 年 3 月 1 日。

（一）能源领域：推动供给和消费协同转型

1. 促进能源供给"清洁化"

以化石能源为主的供能体系是造成二氧化碳排放量居高不下的重要原因，供能体系的清洁化是实现能源生产端减碳的必要措施。

一是助力风光加速发展。福建省地处东南沿海风带，台湾海峡"狭管效应"明显，风能资源富集，风电利用小时数连续十年居全国前3位。为此，要将风电尤其是海上风电作为保障电力清洁供应的"主力军"，加快推进海上风电规模化开发，超前启动深远海海上风电选址规划；同时，因地制宜开发集中式、分布式光伏。二是推动大型核电建设。福建省沿海核电厂址资源得天独厚，核电发展规模全国领先。为此，要紧抓优势，将核电作为煤电的主要替代电源，做好在建核电项目推进和储备厂址保护，推动核电成为未来能源供应新的"压舱石"。三是统筹煤电科学发展。虽然煤电是发电环节最大的碳排放来源，但其作为电力系统的"稳定器"和"安全阀"，仍需保留必要的装机量以保障系统的安全稳定。因此，要统筹开展既有煤电到役处置规划，逐步淘汰低效率、高排放机组；对于现役机组，要有序推动灵活性改造，提高煤电调峰效率，并通过清洁改造和碳捕集技术实现近零排放。四是加快布局储能设施。抽水蓄能和电化学储能电站是满足电力系统灵活运行的保证。应在满足环境保护、库区移民等条件下有序开发抽水蓄能电站；同时，优化电化学储能发展布局与时序，科学研究电源、电网、用户侧储能规模，统筹储能发展。氢储能是解决"弃风""弃光"问题的新思路，将成为可再生能源发电规模化发展的重要支柱，要前瞻谋划风光与氢能耦合发展试点项目，加强工程实践应用。五是打通跨省跨区通道。福建水电和风电具有显著的季节特性，随着风电大规模开发，将造成季节性电能富余。为此，要充分发挥福建省区位优势，加快完善跨省跨区输电通道，全力推进风电、核电等清洁能源外送，促进省际能源余缺互济，实现全社会供能最优，助力全国能源低碳转型。

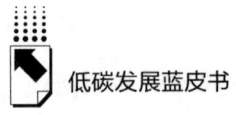

2. 促进能源消费"电气化"

电力是最清洁低碳的终端能源，构建以电为核心的终端用能体系是实现能源消费减碳的必要措施。

一是大力实施电能替代。工农业生产和交通运输均是福建省化石能源高消耗领域，为此，要聚焦薄弱环节，挖掘交通领域电能替代潜力，加速推广电动汽车和氢燃料电池汽车，适时制定燃油汽车退出时间表，加快港口、机场岸电等基础设施建设；聚焦优势领域，持续放大工业领域电能替代优势，抓好钢铁、玻璃行业中低品位热源的电能供应改造；聚焦特色产业，加快推进"电烤烟""电制茶"等传统行业电气化升级。二是深化农村能源革命。2020年福建省农村电气化水平约20.6%[①]，高于全国约2.6个百分点，但与浙江、江苏等经济发达省份相比仍存在差距。因此，要大力实施乡村电气化提升工程，提升农村地区供电能力和服务水平，促进城乡供电服务均等化；同时，以户用光伏整县集中推进试点工作为抓手，加快户用光伏建设模式创新，促进光伏等新能源产业加快发展，推动福建省乡村振兴与节能减排齐头并进。

（二）产业领域：推动结构和布局协同优化

1. 构建现代产业体系

福建省经济发展仍处于中高速增长阶段，且产业结构仍然偏重、能耗水平仍然偏高，统筹推进经济发展与低碳减排任务艰巨。为此，聚焦"六四五"产业新体系，加快推进产业链提升工程、战略性新兴产业发展工程，强化节能减排，是福建省高质量发展的必由之路。

一是推动旧动能提质效。统筹运用法治化、市场化手段，引导石化、冶金等传统高耗能企业将产能利用率控制在合理区间，提高供给结构适应性和灵活性。同时，加快纺织、建材等传统行业节能环保改造，全面提高产品技术、工艺装备、能效标准，实现价值链向高水平跃升。二是加快新动能扩规

---

① 电气化率数据为笔者测算。

模。结合福建省优势产业分布特点，引导资源要素向低能耗高附加值的产业汇集，持续壮大新动能主体力量，促进电子信息和数字产业扩影响、强引领，推动新能源新材料、节能环保等产业上规模、增实力。

2. 打造低碳产业集群

福建清洁能源产业基础扎实，要进一步强化龙头企业引领作用，因地制宜打造产业集群，全面打通产业链条，有效降低产品成本、提高生产产能。

一是持续放大集群效应。依托福清风电产业园打造世界级海上风电开发及装备制造产业基地，释放万亿产业发展潜力；围绕宁德时代、厦钨新能源等储能领域龙头企业打造世界级电化学储能产业集群，提升福建省储能产业国际影响力；落实落细"电动福建"战略，围绕闽东北乘用汽车和闽西南商用汽车产业集群，加快推进福建省新能源汽车产业发展。二是加快上下游产业"补链强链"。重点完善"晶硅—电池组件""新材料—节能变压器—储能装备""环锻铸件—风机零部件—大功率风机"等制造链条；加快发展"光伏＋充电桩""储能＋数据中心""海上风电＋海水淡化"等应用链条；大力培育与清洁能源产业相关的服务外包、科技服务、金融服务、特种物流等服务链条。

（三）生态领域：推动林业与海洋协同共进

1. 深挖林业碳汇发展潜力

福建省森林资源基础条件优势突出，且在生态省建设中积累了丰富的自然资源保护、开发、培育等方面的经验，在碳达峰、碳中和目标引领下，要着重提升森林资源利用水平和利用质量，引导"绿碳"提质增效。

一是加快碳汇开发。统筹推进山上山下、城市乡村、山区沿海绿化，持续深化百城千村、百园千道、百区千带"三个百千"绿化美化行动，加大荒山造林力度，鼓励全民义务植树，加快身边增绿。大力推广林业碳汇项目，适当放宽林业碳汇交易条件，完善林业碳汇交易规则和模式，激励相关方参与碳汇林建设。二是优化林木结构。林木碳汇能力受树种类型、发展阶段等多种因素影响，应逐步减少低产林木比重，因地制宜种植速生阔叶林等固碳能力强的树种，统筹规划混交林、复层林、异龄林种植，推进林木资源质量提挡升级。三是加强城市绿化。城市绿化是城市生态系统的一部分，在净化空气质量、保持生态平衡方面有着积极作用，为此，要提高城市绿化覆盖标准，构建城市森林生态系统，加快建设屋顶花园、生态绿廊等新型城市绿化项目，保障工程质量和后续养护，深度挖掘城市碳汇潜力。

2. 加快海洋碳汇前瞻研究

福建省海岸线长度位居全国第二，海域面积广阔，渔业发展较好，要加大力度推动海洋产业生态化、海洋生态产业化，促进"蓝碳"加速发展。

一是加强理论研究。厦门大学拥有近海海洋环境科学国家重点实验室和福建省海洋碳汇重点实验室，在海洋碳汇研究方面走在全国前列。要以此为依托，深化海洋碳汇基础理论和方法研究，科学评估福建省海洋碳汇能力；加紧突破海洋人工增汇、海洋负排放技术，完善标准制定。二是加紧前瞻布局。福建省藻类养殖产量位居全国之首、双壳贝类产量位列全国第二，渔业碳汇基础良好。要充分发挥基础优势，统筹布局一批海水养殖、海洋牧场等渔业碳汇项目，大力发展深海渔业养殖，提升藻类和双壳贝类养殖产量。

（四）技术领域：推动减排与捕集协同突破

1. 突破新能源技术

福建省正积极推进新能源产业创新示范区建设，要以此为抓手，对标国际前沿水平，聚焦风电、光伏、储能、氢能等领域，加强基础研究和核心技术攻关。

一是加快海上风电技术研发。依托金风科技福建研发中心，加快推进海上风电技术突破，支持 12 兆瓦及以上大功率海上风机、柔性直流输电、低频交流输电等技术落地生根，攻克海上施工、远程运维、智能控制等关键技术。二是加快光伏技术研发。积极申报先进光伏国家工程研究中心，加快发展异质结高效太阳能核心装备技术、先进光伏材料和应用系统技术，探索研发光伏建筑一体化技术，着力提升光伏原辅料、产品制造技术、生产工艺及生产装备部件国产化水平。三是加快电化学储能技术研发。依托宁德时代电化学储能技术国家工程研究中心，开展储能关键技术攻关和产业化研究，聚力攻克吉瓦级及以上高安全性、低成本、长寿命锂离子储能系统技术和百兆瓦级及以上全钒液流电池储能系统技术，推广应用源网荷储协同能量管理技术，推进储能系统集成创新。四是加快氢能技术研发。全力推动新能源制氢技术升级、降本增效，加强氢燃料电池生产技术的引进和消化吸收，推动制氢、储氢、加氢等配套技术研发应用，试点开展"海上风电＋氢能"综合供能、"制氢－加氢"一体化应用示范项目。

2. 攻克 CCUS 技术

截至 2020 年，福建省碳捕集、利用和封存（CCUS）技术示范应用尚未正式起步，距离碳中和所需要的碳捕集和碳封存能力仍有较大差距，应该抓住碳达峰、碳中和带来的技术革新机遇，加快布局 CCUS 技术研发和示范。

一是加大 CCUS 技术研发投入。针对碳捕集、分离、运输、利用、封存及监测等各个环节开展核心技术攻关，重点攻克新型膜分离、新型化学吸附、化学链燃烧等前沿碳捕集技术，推动能耗和成本大幅下降。在此基础上，利用好厦门大学在二氧化碳制备高附加值化学品领域的技术优势，拓展二氧化碳应用范围，促进二氧化碳资源化利用。二是加快 CCUS 示范应用落地。鼓励碳源企业、设备研发单位与科研机构组成"产学研用"一体化研发攻关团队，在燃煤发电、水泥等行业加大力度开展碳捕集技术试点，并与地质、化工、生物等结合深化二氧化碳利用，适时推进配套产业园建设，推动关键技术和产品规模化、产业化、商业化。

（五）政策领域：推动激励与约束协同作用

1. 完善以碳交易为主体的市场机制

习近平总书记在中央财经委员会第九次会议上指出，"十四五"是碳达峰的关键期、窗口期，要坚持政府和市场两手发力，完善绿色低碳市场体系。福建省作为全国碳市场试点之一，要以此为契机，充分运用市场手段激励企业降耗减排。

一是优化碳市场交易机制。以碳达峰、碳中和目标为约束，合理控制碳市场中长期配额总量，优化调整重点排放单位配额，研究扩大福建省碳市场主体范围，适时纳入交通运输业、建筑业等碳排放量位列福建省前十的非工业行业，并逐步拓展至全行业、全领域；稳步降低重点排放单位纳入门槛，以此推动中小企业共同参与减排，切实向企业传导减排压力，确保上下联动形成合力。二是丰富碳交易产品体系。福建省碳市场交易产品对减排工作的带动和促进作用有限，应紧密结合福建省减排情况、碳汇资源等因地制宜丰富产品体系。一方面，推出节能项目碳减排量、防污项目碳减排量等交易产品，推动减排与节能、防污同频同效同路径；支持海峡股权交易中心与微信、支付宝等移动平台联合开发低碳出行自愿减排量等交易产品，推动全社会共同参与减排。另一方面，汲取福建林业碳汇减排量（FFCER）推广经验，发挥福建沿海区位优势，研究推出福建海洋碳汇减排量交易产品，推动福建海洋碳汇加速发展，为碳中和做好储备。

2. 构建以绿色低碳发展为导向的财税金融机制

经济社会绿色发展离不开有利的财税金融机制的支持，要充分发挥财政金融资源的引领作用，精准引导、有效推进绿色低碳转型。

一是加大财政支持力度。充分发挥政府宏观调控作用，针对低碳领域加大财政投入力度，引导经济社会绿色发展。一方面，研究设立低碳发展专项基金，出台节能减排相关激励措施，重点奖励在节能减排领域做出较大贡献的企业，对在新能源技术、CCUS、储能、氢能等低碳技术领域取得重大突破的攻关团队进行奖励；另一方面，向符合清洁低碳发展导向的市场主体提供增值税、所得税优惠，减轻企业税收负担，引导企业发挥节能减排主导作用，进而带动全链条低碳发展。二是发展绿色金融体系。绿色金融反映了社会资本对低碳经济发展的投资情况，是推动福建省碳达峰、碳中和发展的资源要素之一。因此，要鼓励银行、证券、保险、基金等各类金融机构积极参与和推进节能减排，创新发展多元化绿色金融工具，持续丰富碳基金、碳债券、碳保险、碳众筹等碳金融衍生产品，构建多层次绿色金融市场体系。

3. 建立以"新双控"为核心的监管机制

节能与减排二者关系密切、相辅相成，为此，要全局谋划节能减排顶层设计，下好能耗"双控"与碳排放"双控"的"一盘棋"。

一是持续做好能耗"双控"。合理分解"十四五"各年度、各行业能耗"双控"指标，在严格控制能耗强度的基础上，分区域调整优化能源消费总量控制，特别是对于能耗强度达标而经济发展较快的地区，适当实施能源消费总量弹性控制，仅对高耗能产业和产能过剩产业实行能源消费总量强约束，从而保障经济发展与能耗强度降低"双线并重"。同时，通过常态预警、实时协调等方式狠抓"十四五"开局阶段指标完成情况，避免开局"放大假"、收官"补作业"。二是探索发展"2+2"管控体系。在持续抓好能耗"双控"的基础上，探索开展二氧化碳排放总量和排放强度"双控"，形成涵盖能耗"双控"和碳排放"双控"的"2+2"新双控体系。同时，以厦门、南平等地市为试点"先试先行"，待体系成熟后在全省推广，力争以管理创新推动福建省节能减排工作再上新台阶。

参考文献

李政、陈思源、董文娟等：《碳约束条件下电力行业低碳转型路径研究》，《中国电机工程学报》2021年第12期。

马明义、郑君薇、马涛：《多维视角下新型城市化对中国二氧化碳排放影响的时空变化特征》，《环境科学学报》2021年第6期。

潘勋章、王海林：《巴黎协定下主要国家自主减排力度评估和比较》，《中国人口·资源与环境》2018年第9期。

齐园、李源彬、张永安：《基于Multi-Agent的区域产业协同减排策略研究》，《软科学》2021年5月，网络首发。

谢鹏程、王文军、廖翠萍等：《基于能源活动的碳排放清单及减排措施研究——以广州市为例》，《环境污染与防治》2021年第5期。

赵昕东、沈承放：《碳排放与经济增长关系的实证研究——基于福建省的经验数据》，《江南大学学报》2021年第4期。

周宏春、李长征、周春：《碳中和背景下能源发展战略的若干思考》，《中国煤炭》2021年第5期。

邹才能、熊波、薛华庆等：《新能源在碳中和中的地位与作用》，《石油勘探与开发》2021年第2期。

分 报 告
Sub Reports

B.2
2021年福建省碳排放分析报告

李源非　郑楠　杜翼*

摘　要： 研究福建省碳排放特征、科学预测下阶段发展态势，是开展碳达峰、碳中和工作的基础。从历史排放数据看，福建省碳排放与经济发展、产业结构密切相关，主要集中在供电供热、制造业、居民生活和交通运输4个行业，占比高达97.0%。通过EKC - STIRPAT模型对福建省全社会碳排放和重点行业碳排放进行分析预测，结论表明：福建省预计在2030年实现碳达峰，排放峰值为3.29亿吨，供电供热和交通运输业晚于全社会达峰，居民生活与全社会同步达峰，制造业早于全社会达峰。为顺利实现碳达峰发展目标，下阶段福建省应统筹制定碳减排行动方案、加快推动交通领域、工业

* 李源非，管理学硕士，国网福建省电力有限公司经济技术研究院，主要研究领域为能源经济、能源战略与政策；郑楠，工学硕士，国网福建省电力有限公司经济技术研究院，主要研究领域为能源战略与政策；杜翼，工学硕士，国网福建省电力有限公司经济技术研究院，主要研究领域为能源经济、电网规划、能源战略与政策。

领域节能减排，促进能源结构低碳发展。

关键词： 碳排放　碳达峰　碳减排　EKC-STIRPAT 模型

碳排放是指煤炭、石油、天然气等化石能源燃烧活动和工业生产过程以及土地利用变化与林业等活动产生的温室气体排放。其中，二氧化碳在所有的温室气体中占比约为77%，也是导致温室效应的最主要因素，故本书所指碳排放均为二氧化碳排放。

一　福建省碳排放情况

（一）碳排放总体情况

从历史情况看，福建省二氧化碳排放呈现显著的阶段性特征，与经济发展、产业结构密切相关。

排放总量方面，自1997年以来，福建省二氧化碳排放经历了三个阶段（见图1）。第一阶段（1997~2001年），福建省产业结构以轻工业为主，碳排放平稳增长，年均增速为6%，[①] 至2001年全省碳排放总量达0.56亿吨。第二阶段（2002~2014年），福建省工业化进程加快，重工业快速发展，高耗能产业规模扩张，碳排放量年均增速达到11.3%，至2014年全省碳排放总量达2.43亿吨。第三阶段（2015~2018年），福建省持续推进供给侧改革，"十三五"初期大量低端产能集中清退，二氧化碳排放量连续两年下降；此后，随着优质产能重新释放，排放量再度增加。总体来看，该阶段二氧化碳排放量先降后升、总体平稳，年均增速降至1.8%。

---

① 本报告中中国及各省份碳排放相关数据均来自中国碳排放数据库（CEADs），截至2021年6月，数据库已更新2018年中国及各省份碳排放数据。

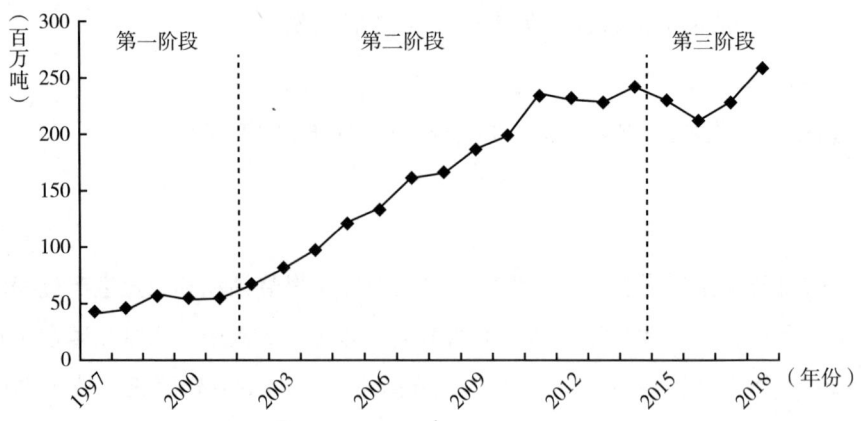

图1　1997～2018年福建省碳排放总量情况

数据来源：CEADs数据库。

排放强度方面，1997年以来福建省碳排放强度变化同样经历了三个阶段（见图2），但阶段划分与排放总量存在差异。第一阶段（1997～2001年），碳排放强度在1500千克/万元（当年价，下同）上下波动。第二阶段（2002～2005年），碳排放强度逐年增长，年均增速约8.7%。该阶段福建省经济发展较为粗放，高投资、高能耗、高污染的特点明显，煤炭消费大量增加，使得碳排放总量的增幅超过了实际产出的增幅，碳排放压力与日俱增。第三阶段（2006～2018年），福建省碳排放强度逐年降低，年均降幅达到7.7%。主要是由于政府日益重视节能减排与生态保护工作，并出台了大量相关法规制度，在一定程度上实现了工业化与低碳化同步发展。

从现状看，福建省二氧化碳排放控制水平居全国前列，排放来源高度集中。排放总量方面，2018年全省二氧化碳排放量为2.61亿吨，同比增长13%；碳排放强度为676.4千克/万元，仅为全国的58.9%。排放来源方面，全省二氧化碳排放集中在供能行业、制造业、交通运输业和居民生活4个领域，合计占全省排放总量的97.0%，其中供电供热行业排放量最大，占比达53.5%（见图3）。

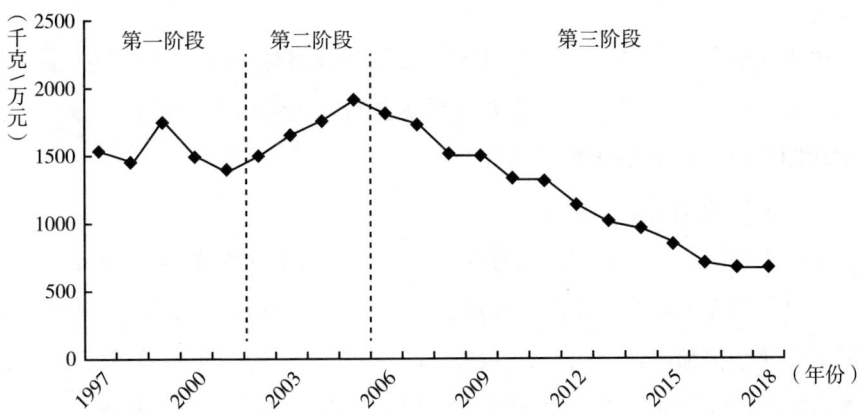

图2　1997～2018年福建省碳排放强度情况（当年价）

数据来源：CEADs数据库。

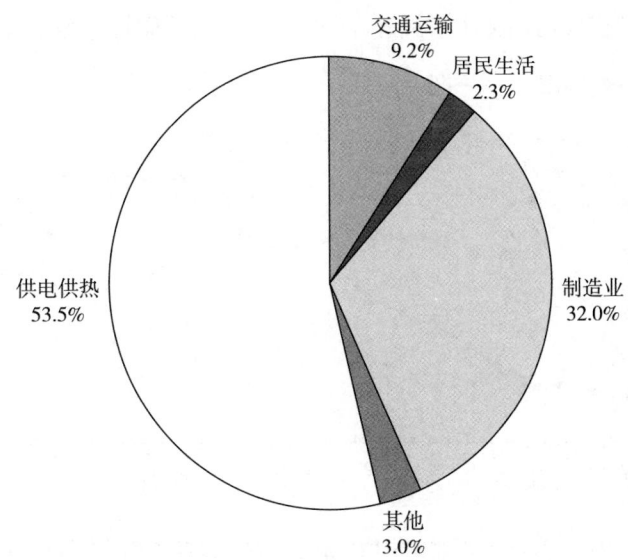

图3　2018年福建省碳排放结构

数据来源：CEADs数据库。

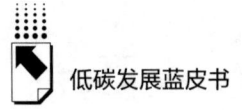

（二）重点行业碳排放情况

由于相近行业发展趋势及碳排放量变化趋势相对一致，为更全面系统地分析福建省碳排放情况，本文主要分析供能行业、制造业、交通运输业及居民生活四个重点行业的碳排放情况。

1. 供能行业碳排放情况

从历史情况看，福建省供能行业碳排放发展趋势可分为两个阶段（见图4）。一是能源需求攀升推动碳排放加速增长阶段（1997～2011年）。随着福建省经济高速增长和钢铁、化工等高耗能重工业快速发展，能源需求同步增长，供能行业碳排放快速攀升，且增速逐年增加，碳排放呈指数增长态势。2011年，福建省供能行业碳排放达到1.33亿吨，是1997年的7.25倍。二是清洁能源快速发展带动碳排放平稳波动阶段（2012～2018年）。随着福建省经济增速换挡、产业结构优化，福建省能源需求增速放缓；同时核电、风电的快速发展推动能源供应清洁化水平提升，福建省供能行业碳排放呈平稳波动态势。

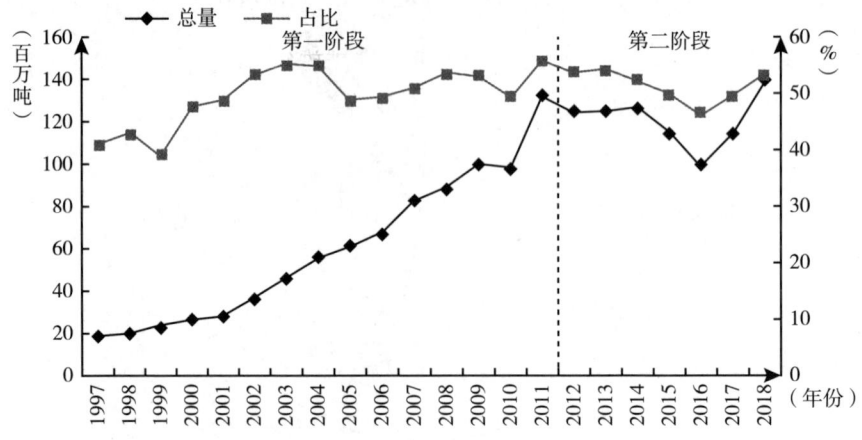

图4　1997～2018年福建省供能行业碳排放总量及占全省总排放的比重

数据来源：CEADs数据库。

从现状看，2018年福建省供能行业二氧化碳排放总量为1.40亿吨，仍是全省碳排放量最大的行业，在全省碳排放总量中的占比为53.5%。其中，供电供热行业是最大的碳排放来源，占供能行业碳排放总量的比重超过99.5%。

综合来看，1997~2003年，由于全省能源消费以化石能源为主，随着全社会经济发展带动能源消费总量提升，供能行业碳排放占全省碳排放的比重呈上升态势。2004~2011年，福建省重工业和交通运输业发展迅猛，带动其他领域碳排放提升，导致该时期供能行业碳排放量虽在增长，但其占全省碳排放总量的比重在50%上下波动。2012年以来，全省碳排放量增速放缓、总体结构保持稳定，供能行业碳排放占比的变化态势与排放总量的变化态势一致，可见行业助力全省碳减排的作用仍有待进一步发挥。

2. 制造业碳排放情况

从历史情况看，福建省制造业碳排放发展态势与全省相似，同样分为三个阶段（见图5）。一是轻工业主导下的碳排放缓慢增长阶段（1997~2002年）。此时，福建省制造业以轻工业为主，碳排放增长极为缓慢，年均增速仅为1%，至2002年制造业碳排放量为0.16亿吨。二是重工业崛起带来的碳排放高速增长阶段（2003~2014年）。伴随着全省重工业高速发展，钢铁、水泥等高耗能产业快速发展，制造业碳排放年均增速达14.9%，2014年制造业碳排放总量为0.85亿吨，达到历史峰值。三是供给侧改革引领的碳排放趋于平稳阶段（2015~2018年）。"十三五"期间，福建省大量淘汰落后产能、释放优质产能，制造业及全社会碳排放总量均呈现先降后增趋势。

从现状看，2018年福建省制造业二氧化碳排放总量为0.84亿吨，占全省碳排放总量的32.0%，是全省碳排放第二大行业；其中非金属矿物制品业和黑色金属冶炼与压延加工业是最大的碳排放来源，排放总量分别为0.38亿吨和0.28亿吨，两大行业合计占制造业碳排放总量的79.3%。

综合来看，1997~2002年，由于轻工业发展对能源需求较低，制造业碳排放增速显著低于全省碳排放总量增速，制造业在全省碳排放总量中的占比持续降低。2002年，该比重仅为23.9%，是可追溯的最低水平。2003~2014年，福建省制造业逐步转向重工业，碳排放量年均增速较全社会碳排

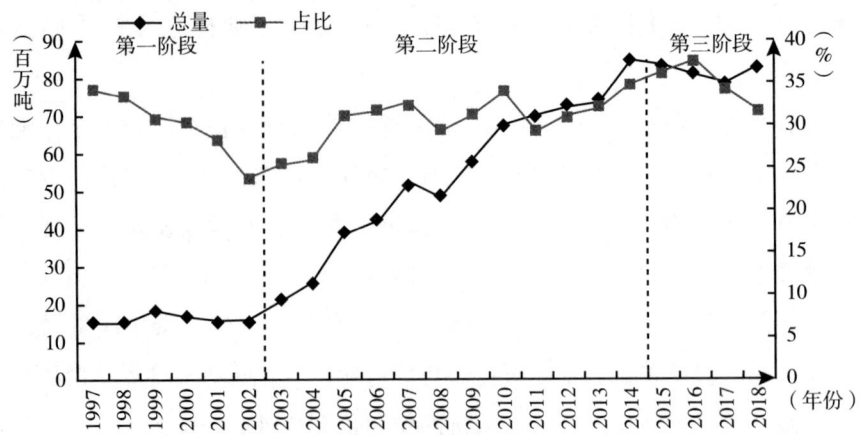

图5　1997～2018年福建省制造业碳排放总量及占全省总排放的比重

数据来源：CEADs 数据库。

放年均增速高 3.6 个百分点，推动制造业占全社会碳排放的比重不断提高。其中，黑色金属冶炼与压延加工业碳排放占比上升最快，占全省碳排放总量的比重从 2002 年的不到 0.3% 上升至 2014 年的 9.2%。2015～2018 年，制造业碳排放变化趋势与全省碳排放总量变化趋势基本一致，制造业在全省碳排放总量中的占比在 35% 上下波动。

3. 交通运输业碳排放情况

从历史情况看，交通运输（含仓储）业碳排放变化趋势可分为两个阶段（见图6）。一是交通运输体系建设初期的碳排放平缓增长阶段（1997～2001 年）。由于地理位置特殊，福建省改革开放前基础设施薄弱，1997～2001 年全省交通运输体系仍处于起步阶段，旅客周转量及货物周转量增长较为缓慢，交通运输业碳排放年均增速为 5.4%，至 2001 年福建省交通运输业碳排放总量为 0.04 亿吨。二是交通体系加快发展带动的碳排放快速增长阶段（2002～2018 年）。2002～2018 年，政府大力推动交通体系建设，公路、铁路、港口、民航等运力快速发展，全社会汽柴油机动车拥有量、旅客周转量及货物周转量均加速攀升，2002～2018 年交通运输业碳排放量平均增速达 10.8%。

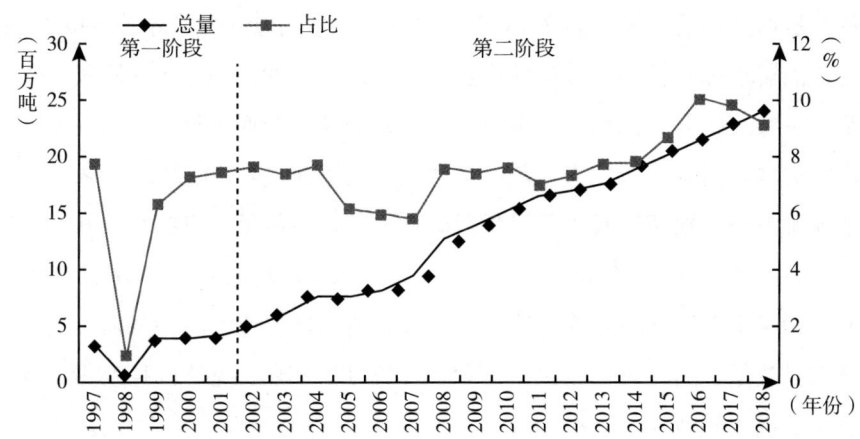

图6　1997～2018年福建省交通运输业碳排放总量及占全省总排放的比重

数据来源：CEADs数据库。

从现状看，2018年福建省交通运输业综合能源消费量为1287.04万吨标准煤，主要来源于汽油、柴油等化石能源，二氧化碳排放量为0.24亿吨，占全省碳排放总量的9.2%，是仅次于供能行业和制造业的高碳排放行业。

综合来看，1997～2014年，交通运输业与全社会碳排放总量均呈现指数增长态势，交通运输业碳排放量占比在7%上下波动，表明全省交通运输业与经济发展态势总体保持一致。2015年以来，由于产业结构及能源消费结构转型，全省碳排放总量增速放缓，但交通运输业仍以柴油、汽油等高碳排放能源为主要驱动力，碳排放占比增长至10%左右。由此可见，与全社会低碳经济转型相比，交通运输业的节能技术发展较为缓慢，未来仍存在较大的减排空间。

4. 居民生活碳排放情况

从历史情况看，居民生活碳排放变化趋势可分为两个阶段（见图7）。一是终端能源结构转型引导下碳排放趋于平稳阶段（1997～2001年）。该阶段，居民生活能源消费主要用于炊事、照明、取暖等，煤炭是居民生活中消费最多的化石能源，但由于福建省生活能源消费总量增长较为平缓，加之电力的快速发展促进了居民能源消费结构转型，煤炭消费量降低，居民生活碳排放总量增速趋近于零，至2001年福建省居民生活碳排放总量为340万吨。二是用能需求提升推动的碳排放增长阶段（2002~2018年）。该阶段，人民生活水平快速提升，民用汽柴油机动车开始普及，交通出行成为居民生活能源消费的重要需求，居民人均汽油消费量年均增速高达21.7%，[1] 带动全省生活能源消费量快速增长，居民生活碳排放总量整体呈上升趋势，年均增速达3.1%。居民生活碳排放在2005~2012年波动显著，一方面是由于2005~2008年煤炭价格快速上涨，居民煤炭消费量加速下降，降低了居民生活的碳排放量；另一方面是由于2005年、2012年国家统计口径变更，碳排放总量数据出现较大变化。

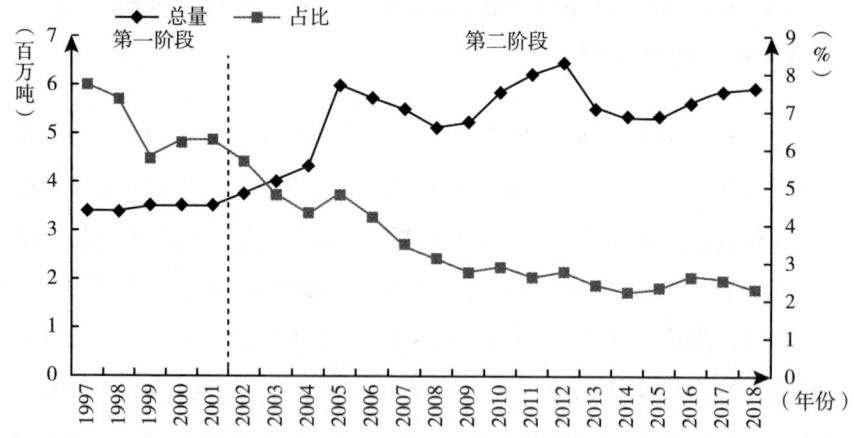

图7　1997~2018年福建省居民生活碳排放总量及占全省总排放的比重

数据来源：CEADs数据库。

从现状看，生活能源消费是居民生活二氧化碳的主要排放来源。2018年，福建省居民生活能源消费量达1620.9万吨标准煤，占全省能源消费总量的9.6%，但由于终端电气化率较高，居民生活二氧化碳排放量仅为591.7万吨，占全省碳排放总量的2.3%。

---

[1] 《福建统计年鉴（2020）》，福建统计局，http：//tjj. fujian. gov. cn/tongjinianjian/dz2020/index. htm。

综合来看，1997~2014年，随着终端能源消费结构的不断优化，居民生活碳排放量占全省碳排放总量的比重呈下降趋势，2014年该比重仅为2.2%，较1997年降低5.5个百分点。2015年以后，居民生活终端电气化率已提升至较高水平，同时天然气加快普及，居民生活用能已基本采用较为低碳的能源，因此居民生活碳排放量占比保持相对稳定。

二　福建省碳达峰趋势预测

（一）全社会碳达峰预测

近年来，国内外围绕碳排放的分析和预测已开展大量研究，研究成果普遍认为，碳排放主要受经济体量、经济结构、能源供需结构、能源使用效率等因素的影响，并围绕上述因素，提出了多种碳排放预测模型方法，其中EKC模型（环境库兹涅茨模型）和STIRPAT模型（可拓展的随机性的环境影响评估模型）应用相对广泛。

EKC模型认为，当国家或区域经济发展水平较低时，环境污染的程度较轻，随着经济发展水平提升，环境污染由低趋高。当经济发展达到某个临界点或称"拐点"以后，随着经济进一步发展，环境污染又由高趋低，其环境污染程度逐渐减缓，环境质量逐渐得到改善。因此，若以表征经济发展水平的指标为横轴、表征环境污染水平的指标为纵轴，一个国家或区域的环境与经济发展轨迹将呈现倒U形曲线。通过二次函数拟合该倒U形曲线，并利用趋势外推等方法对经济变量进行预测，即可得到逐年碳排放量。该理论将产业结构持续优化、清洁技术的应用、环保需求的加强、环境规制的实施以及市场机制等多方面因素全部内化到了经济指标的增长变化中，因而具有理论简单、操作便捷等优势。但由于相关数据和指标较少，因此在多场景分析、预测结果解析方面难度较大。

STIRPAT模型将影响碳排放的因素分解为多个具体指标，并量化分析各项指标与碳排放之间的关系。在此基础上，通过计量经济、人工智能等方法构建考虑多个内外部因素的碳排放预测模型。该模型理论依据充分、结果解析力较强，且模型具有很强的可拓展性，但建模过程较为复杂，且由于模型测算需要大量外部输入指标，因此对数据质量、数据处理方面要求较高。

为避免单个模型预测结果的局限性，本部分构建 EKC – STIRPAT 组合模型开展碳排放预测。两个分模型均以全省二氧化碳排放量为输出变量，输入变量则主要考虑经济发展程度、经济结构、能源结构、能效水平四个方面。首先，基于历史数据并通过 STIRPAT 模型解析各输入变量对碳排放的影响强度，计算结果如表 1 所示。[①]

表 1　福建省碳排放影响因素分解

输入变量	影响强度
经济发展程度	0.337
经济结构	0.241
能源结构	0.318
能效水平	0.104

数据来源：根据模型测算。

由表 1 可见，经济发展程度对福建省碳排放影响最强，主要是由于福建省经济增长与碳排放尚未脱钩，经济快速发展将同步推动能源消费快速增长，进而带动碳排放总量持续增加。能源结构对福建省碳排放的影响排名第二，影响强度与经济发展程度接近。主要原因是现阶段福建省一次能源消费仍以化石能源为主导。下阶段，全省清洁能源将进入高速发展通道，能源结构持续优化，将在降低全省碳排放水平方面发挥重要作用。经济结构对福建省碳排放的影响排名第三，虽然福建省经济仍以第二产业为主，且第二产业中高耗能行业占比较高，产业低碳化转型空间较大，但产业结构调整是长期的过程，短期内对碳排放的影响不突出。能效水平对福建省碳排放的影响远低于其他指标，主要是由于福建省能效水平已经较高，短期内进一步提升的

---

① 福建省碳排放预测模型参数为笔者测算。

空间有限。

综上所述，在福建省经济仍处于中高速增长区间的背景下，持续优化能源结构、加快构建清洁低碳的能源体系，是福建省高速度、高质量实现碳达峰目标的重中之重。此外，还需加快谋划全省经济结构转型，保障碳减排工作的可持续性。

结合前期发展情况，利用趋势外推法确定模型各输入变量未来的取值情况，得到2021～2035年福建省二氧化碳排放量预测结果，如图8所示。

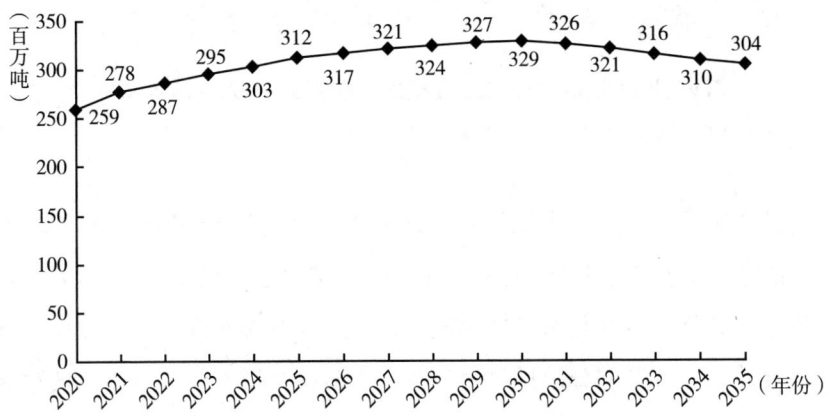

图8　福建省二氧化碳排放量预测（2021～2035年）

数据来源：根据CEADs数据建模测算。

由图8可见，福建省预计于2030年实现碳达峰，峰值为3.29亿吨，较2020年增加27.0%。

（二）重点领域碳达峰预测

1. 供能行业碳达峰预测

供能行业碳排放中，供电供热排放占比超过99.5%，其余主要是供水供气行业碳排放。其中，供电供热行业的碳排放量与发电量、化石能源发电占比强相关；供水供气行业碳排放近年来保持平稳。据此建模得到福建省供能行业碳排放预测结果，如图9所示。

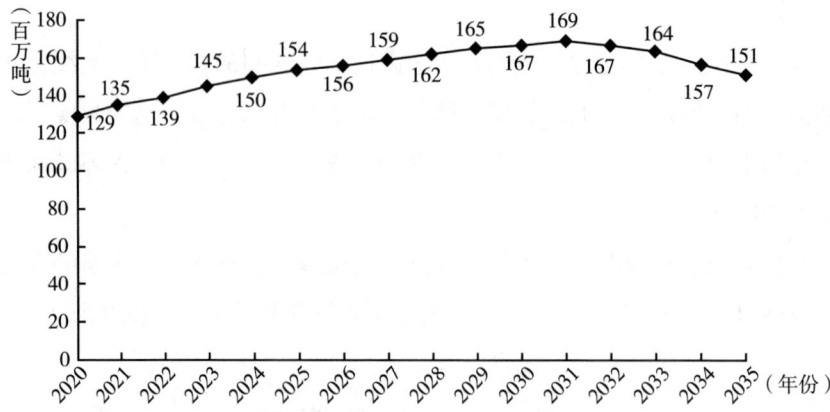

图9　福建省供能行业二氧化碳排放量预测（2021～2035年）

数据来源：根据CEADs数据建模测算。

由图9可见，福建省供能行业预计于2031年实现碳达峰，晚于全社会1年，届时峰值水平为1.69亿吨，占全社会排放总量的51.8%。主要原因是随着福建省终端电气化水平持续提升，减少了终端对煤炭、石油等化石能源的直接使用，使得部分碳排放由其他行业转移至供电供热行业，虽然推后了供电供热行业的达峰时间，但降低了全省的碳排放总量，有助于全省如期实现碳达峰目标。

2. 制造业碳达峰预测

制造业碳排放包括两大来源：一是各类行业生产过程中的能源耗用的碳排放；二是生产工艺过程中非能源耗用的碳排放，以水泥制造中碳酸盐分解产生二氧化碳为主。从历史数据看，制造业中能源耗用产生的碳排放主要由制造业发展规模和能耗水平决定，非能源耗用碳排放由水泥行业规模决定。据此建模得到制造业碳排放预测结果，如图10所示。

由图10可见，福建省制造业预计于2029年实现碳达峰，早于全社会1年，届时峰值水平为1.13亿吨，占全社会排放总量的34.6%。由于"十三五"期间福建省持续推进供给侧改革，推动制造业新旧动能转换加速，加之节能减排成效显著，近年来碳排放增速已经大幅放缓，因此制造业碳排放

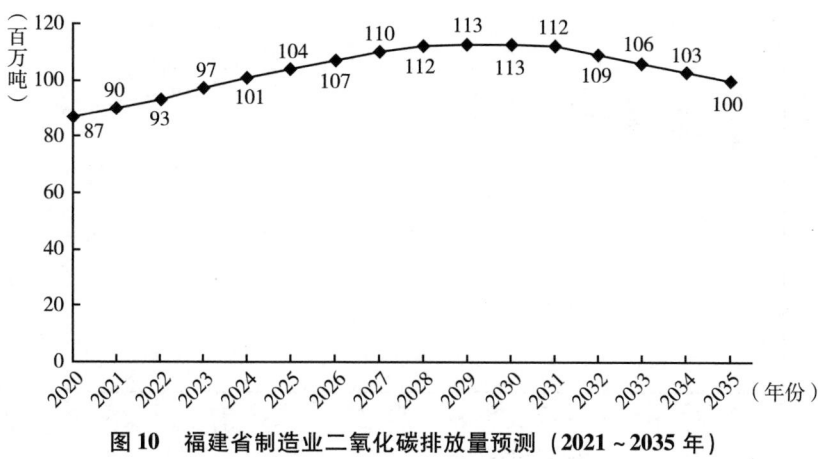

图10 福建省制造业二氧化碳排放量预测（2021～2035年）

数据来源：根据 CEADs 数据建模测算。

能够早于全社会达峰。下阶段，持续推进节能降耗将成为制造业高质量达峰、高强度减排的重点举措。

3. 交通运输业碳达峰预测

现阶段，交通运输业碳排放主要由汽柴油机动车拥有量、旅客周转量及货物周转量等表征行业规模的指标决定。从历史数据看，交通运输业规模随着国民经济的发展总体呈现平稳增长态势。未来新能源汽车产业快速发展，将成为影响行业碳排放的关键因素。据此建模得到福建省交通运输业碳排放预测结果，如图11所示。

由图11可见，福建省交通运输业预计于2031年实现碳达峰，晚于全社会1年，届时峰值水平为3290万吨，占全社会排放总量的10.1%。这主要是由于全省交通运输业碳排放仍处于中高速增长阶段，汽柴油机动车拥有量、旅客周转量及货物周转量仍保持稳步增长，带动碳排放持续走高。同时，福建省现阶段新能源汽车占比总体仍然较低，对行业碳减排的作用尚未形成规模效应。因此，为了促进交通运输业碳达峰，除加快推广新能源汽车外，还需要探索其他有效路径。

4. 居民生活碳达峰预测

居民生活碳排放主要来自私家车燃油、燃气炉灶、热水器，农村地区家

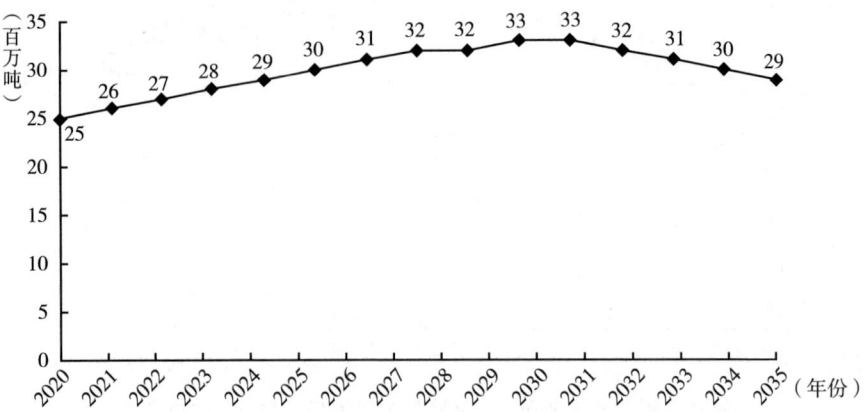

图11 福建省交通运输业二氧化碳排放量预测（2021～2035年）

数据来源：根据 CEADs 数据建模测算。

庭散煤和薪柴燃烧等。随着电能替代持续深入推进，电动汽车、电气化家居加快普及，居民生活碳排放将显著降低。据此建模得到福建省城乡居民碳排放预测结果，如图12所示。

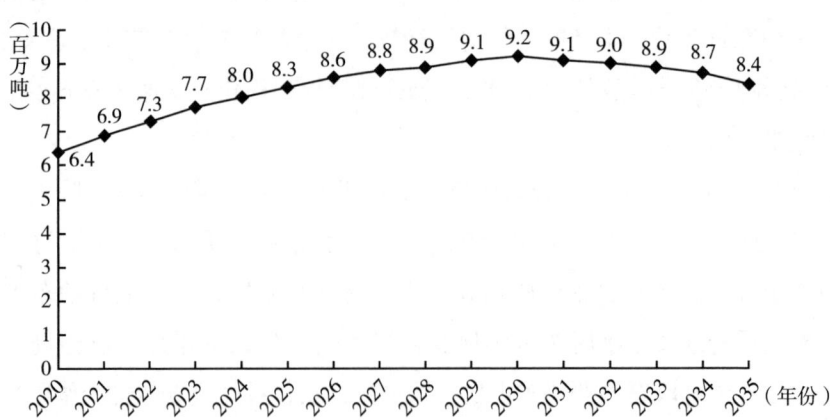

图12 福建省居民生活二氧化碳排放量预测（2021～2035年）

数据来源：根据 CEADs 数据建模测算。

由图12可见，福建省居民生活预计于2030年实现碳达峰，与全社会同步，届时峰值水平为921万吨，占全社会排放总量的2.8%。为保障居民生活领域如期实现碳达峰目标，下阶段需加快提高电能占终端能源消费的比重，推进居民用能结构优化。

三　加快福建省实现碳达峰相关建议

（一）统筹制定碳达峰行动方案

全社会碳排放达峰时间和峰值对于碳中和目标的实现具有深远影响，应兼顾生态、安全和发展，统筹部署全省碳排放达峰目标和行动方案，为碳中和提供有利条件。在全省碳达峰目标基础上，统筹考虑城乡、山海地区发展差异及经济结构特征，明确不同地市达峰时间指标，支持厦门、南平等地率先达峰，为减排任务较重的地区争取更多发展空间。针对交通、化工、能源等碳排放重点领域，制定行业碳排放达峰时间表和峰值目标，通过减排指标合理分解，实现全省减排压力向排放主体传导，通过市场、政策等手段引导排放主体主动承担节能减碳责任。

（二）推动交通体系低碳发展

交通领域碳排放量大且减排进程较慢，加快推动交通领域低碳转型势在必行。现阶段，福建省公共交通基础设施仍较薄弱，"十四五"发展期间应大力加强地铁、高铁等公共交通体系建设，提高电动公共汽车数量占比，推动居民日常生活出行方式向共享化、低碳化方向发展。在货运领域，一方面，要充分利用福州、厦门等港口城市优势，加强福州港、厦门港、湄洲湾等大型港口建设，提升港口货物吞吐能力，推动大宗货物运输"公转水"；另一方面，持续推进高速公路快速充电站布局，持续推广电动汽车在货运、物流等领域应用，加快运输行业电气化转型。

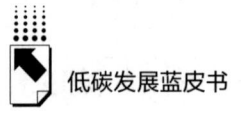

（三）加快工业领域节能减排

金属制造业、化工行业等重工业是福建省碳排放的主要来源之一，促进工业领域节能减排，对于福建省碳达峰至关重要。能源方面，在重工业中推动天然气和甲醇等低碳清洁化石能源使用，实现对煤炭、石油等高碳能源的替代。技术方面，要加速低碳烧结、高炉喷煤、轧钢加热炉蓄热式燃烧等低碳技术在金属制造行业的推广应用，进一步优化烧结余热回收利用、干式高炉炉顶余热发电等能源再利用技术，提高余热余能自发电率，推动能源管控系统优化，提高系统能效。产业结构优化方面，深入推进重工业供给侧结构性改革，加快淘汰落后产能，加强煤炭、钢铁等项目产能置换监管，推进高污染、高排放企业走低碳发展道路。

（四）促进能源结构清洁转型

现阶段，福建省能源消费结构仍以煤炭、石油等高碳能源为主，2020年非化石能源消费占比仅为 24.9%，① 能源结构有待改善。在终端用能领域，持续提升终端用能电气化率，减少农村地区散煤消费量，加强可再生能源电力、储能设施、智能电表等技术结合应用，充分利用建筑屋顶、外墙发展分布式光伏，实现建筑节能。在能源供给侧，要合理控制燃煤电厂的总规模，降低化石能源发电在总发电量中的占比，发挥福建临海的地理优势，加速推进深远海海上风电技术的研究应用，加强储能和智能电网等技术的研发和示范应用规模，保障新能源发电消纳，促进新能源发电快速发展。

---

① 《福建统计年鉴（2020）》，福建统计局，http://tjj.fujian.gov.cn/tongjinianjian/dz2020/index.htm。

参考文献

林伯强、蒋竺均：《中国二氧化碳的环境库兹涅茨曲线预测及影响因素分析》，《管理世界》2009年第4期。

平新乔、郑梦圆、曹和平：《中国碳排放强度变化与"十四五"时期碳减排政策优化》，《改革》2020年第11期。

渠慎宁、郭朝先：《基于STIRPAT模型的中国碳排放峰值预测研究》，《中国人口·资源与环境》2010年第12期。

苏增添：《福建省交通发展成就与展望》，《综合运输》2002年第7期。

徐丽、曲建升、李恒吉等：《中国居民能源消费碳排放现状分析及预测研究》，《生态经济》2019年第1期。

张翼、张士强：《中国与美国碳排放EKC分析及因素分解》，《统计与决策》2020年第20期。

B.3
2021年福建省碳汇情况分析报告

李益楠　陈柯任　林昶咏*

摘　要： 随着碳中和目标的提出，越来越多人意识到碳汇在减缓全球气候变暖和发展低碳经济中的重大作用。自然界中的碳汇主要来自林木、海洋、土壤等。本文对2018年福建省林木碳汇、海洋碳汇、土壤碳汇进行测算，并对2030年、2060年碳汇发展趋势进行预测。初步估计，2018年福建省林木碳汇量约为5143.5万吨二氧化碳/年，全部碳汇量约为7401.7万吨二氧化碳/年；2030年、2060年福建省林木碳汇量分别为4800万吨二氧化碳/年、4330万吨二氧化碳/年，可估算的全部碳汇量分别为7172万吨二氧化碳/年、6725万吨二氧化碳/年。为进一步增加福建省碳汇，下一步需加强碳汇基础能力建设，大力培育碳汇资源，为碳中和奠定良好基础。

关键词： 碳汇　林木碳汇　海洋碳汇　土壤碳汇

一　福建省碳汇现状分析

随着碳中和目标的提出，越来越多的人认识到碳汇在减缓全球气候变暖

---

* 李益楠，工学硕士，国网福建省电力有限公司经济技术研究院，主要研究领域为能源经济、能源战略与政策；陈柯任，工学博士，国网福建省电力有限公司经济技术研究院，主要研究领域为能源经济、低碳技术、能源战略与政策；林昶咏，工学硕士，国网福建省电力有限公司经济技术研究院，主要研究领域为能源经济、配电网规划、能源战略与政策。

和发展低碳经济中的重大作用。根据《联合国气候变化框架公约》的定义，碳汇是指从大气中清除二氧化碳的过程、活动或机制。自然界中的碳汇主要来自林木、海洋、土壤等。

（一）林木碳汇情况

林木碳汇是指林木利用植物光合作用吸收大气中的二氧化碳，并将其固定在植被中，从而减少温室气体在大气中浓度的过程、活动或机制，通常也被称为"绿碳"。绿碳具有储碳时间长的特点，只要不腐烂、不燃烧，木制品固定的碳就能长期、稳定地存在下去，不会因为林木遭受砍伐而导致碳释放，如家具等木制品固碳时间可达几十年至上百年，木质建筑物固碳时间甚至可达千年。

福建省是南方重点林区之一，气候温和，雨量充沛，自然条件优越，森林资源丰富。根据《中国森林资源报告》中国家森林资源连续清查统计数据，2018 年福建省森林覆盖率达 66.8%（见表1），连续 40 年位居全国第一，绿碳资源潜力可观。

表1 福建省森林资源连续清查统计主要指标

清查时间	森林面积（万公顷）	森林覆盖率（%）	森林蓄积（万立方米）	活立木蓄积（万立方米）
第七次（2004~2008 年）	766.65	63.10	48436	53226
第八次（2009~2013 年）	801.27	65.95	60796	66675
第九次（2014~2018 年）	811.58	66.80	72938	79711

数据来源：国家林业和草原局编《中国森林资源报告（2014~2018）》，中国林业出版社，2019；国家林业局编《中国森林资源报告（2009~2013）》，中国林业出版社，2014；国家林业局编《中国森林资源报告：第七次全国森林资源清查》，中国林业出版社，2009。

绿碳的计量方法主要分为两大类：一类是通过生物量、蓄积量等推测林木碳储量的方法，主要有平均生物量法、蓄积量法和生物量清单法；另一类

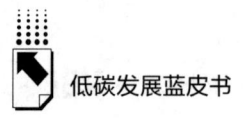

是基于微气象原理通过跟踪二氧化碳通量测定碳储量的方法，主要有涡旋相关法、涡度协方差法和弛豫涡旋积累法。国内学者主要运用第一类方法对我国不同地区、不同树种的碳汇及碳储量进行深入研究，其中，对于省级尺度的研究以蓄积量法最为主流。

由第九次国家森林资源清查数据可知，福建省2014～2018年林木（指活立木）蓄积量增长13036万立方米，即年均林木蓄积量增长2607.2万立方米。根据国家林业和草原局编制的《中国森林资源报告（2014～2018）》数据，福建省2018年活立木蓄积79711万立方米，总碳储量为42849万吨。由此推算，福建省林木碳汇量约为5143.5万吨二氧化碳/年。

（二）海洋碳汇情况

海洋碳汇是指利用海洋活动及海洋生物吸收大气中的二氧化碳，并将其固定在海洋中的过程、活动和机制。相对于陆地生态系统固定的"绿碳"而言，海洋碳汇通常被称为"蓝碳"。海洋储存了地球上93%的二氧化碳，每年清除30%排放到大气中的二氧化碳，是地球上最大的碳库和碳汇。2009年，联合国环境署、粮农组织和教科文组织、政府间海洋学委员会联合发布的《蓝碳报告》指出，全球光合作用捕获的碳中，有55%是蓝碳。

蓝碳的构成包括海岸带蓝碳、渔业蓝碳和微型生物蓝碳。蓝碳的固定机理主要有物理溶解碳泵、海洋碳酸盐泵、生物碳泵以及微型生物碳泵。物理溶解碳泵通过海洋与大气界面的二氧化碳交换，将其溶解到海水里供生物利用；海洋碳酸盐泵利用贝类、珊瑚礁等海洋生物对碳进行吸收、转化和固定；生物碳泵是由海洋浮游植物通过光合作用吸收和转化二氧化碳并沉积到海底；微型生物碳泵是由微型生物承担的基于溶解有机碳转化的非沉降型海洋储碳新机制。

1. 海岸带蓝碳

海岸带蓝碳介于海洋蓝碳和陆地绿碳之间，主要由红树林、盐沼和海草床等海岸带植物固定的碳组成。海岸带生态系统面积虽然仅占全球

海洋面积的0.2%，但其沉积物中埋藏的碳占全部海洋沉积物碳储量的50%。红树林、盐沼和海草床等具有强大的光合作用能力，故而具备很高的单位面积固碳能力。现有研究表明，红树林、盐沼、海草床平均固碳能力分别为226克／（平方米·年）、218克／（平方米·年）、138克／（平方米·年）。[1]

红树林是热带、亚热带海岸潮滩上由红树科植物为主组成的一种特殊植被。福建省现有红树林面积约1648公顷，约占全国的5%，少于广东、广西和海南，主要分布于漳州市、厦门市、泉州市、福州市和宁德市，碳汇量达1.4万吨二氧化碳/年。

盐沼是我国滨海湿地中分布面积最大的蓝碳生态系统类型，通常分布于河流、陆地和海洋生态系统之间的界面。根据相关研究估算，我国滨海盐沼分布面积为1207～3434平方公里，主要在杭州湾以北的沿海区域。福建省沿海地区有少量分布，但面积数据不详。

海草是指生长于温带、热带近海水的单子叶高等植物。海草分布于世界上大部分浅海泥沙底的海岸及河口地区，并在沿海潮下带形成广阔的海草床。我国海草床总面积较小，约为87.65平方公里，主要分布在海南、广东、广西和台湾。福建省仅有零星海草床，分布在晋江、厦门和漳州，面积数据暂时不详。

2. 渔业蓝碳

渔业碳汇（即渔业蓝碳），被称为"可移出的碳汇"或"可产业化的蓝碳"，是指通过渔业生产活动促进水生生物吸收水体中的二氧化碳，并通过收获水生生物产品，把这些碳移出水体的过程和机制。按品种分类，我国海水养殖主要包含鱼类、贝类、藻类、甲壳类和其他类，但其中只有贝类（双壳纲）和藻类碳的"净吸收量"为正，实现碳汇。大型藻类通过光合作用将海水中溶解的无机碳转化为有机碳；贝类作为滤食性生物，通过摄食活

---

① 唐剑武、叶属峰、陈雪初等：《海岸带蓝碳的科学概念、研究方法以及在生态恢复中的应用》，《中国科学：地球科学》2018年第6期。

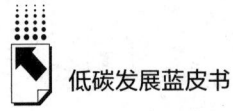

动大量去除海水中的颗粒有机碳，并通过将生物矿化形成贝壳（主要成分为碳酸钙）实现对海水中碳的吸收和固定。

根据全国海洋标准化技术委员会初步确认的贝藻类碳汇计算标准，可采用物质量评估方法，即基于海洋生物"固碳系数－产量－碳汇量"之间的关系，测算渔业碳汇能力。

根据各类贝藻类海产品碳汇能力测算参数及《中国渔业统计年鉴(2019)》中福建省贝藻类海产品产量数据（见表2、表3），得出2018年福建省渔业碳汇为约114万吨二氧化碳，其中贝类碳汇91.6万吨二氧化碳、藻类碳汇22.4万吨二氧化碳。

表2 2018年福建省贝类海产品碳汇能力测算

品种	产量（吨）	干重比（%）	质量比重（%）		固碳系数（%）		碳汇（万吨）
			软体组织	贝壳	软体组织	贝壳	
牡蛎	1894204	65.1	6.1	93.9	45.9	12.7	66.6
贻贝	104331	75.3	8.5	91.5	44.4	11.8	4.2
扇贝	8828	63.9	14.4	85.7	43.9	11.4	0.3
蛤	433699	52.6	2.0	98.0	44.9	11.5	10.2
蛏	279485	70.5	3.7	96.7	45.0	13.2	10.3
合计							91.6

数据来源：农业农村部渔业渔政管理局、全国水产技术推广总站、中国水产学会编制：《中国渔业统计年鉴（2019）》，中国农业出版社，2019；孙康、崔茜茜、苏子晓等：《中国海水养殖碳汇经济价值时空演化及影响因素分析》，《地理研究》2020年第11期。

表3 2018年福建省藻类海产品碳汇能力测算

品种	产量（吨）	干重比（%）	固碳系数（%）	碳汇（万吨）
海带	768304	20	31.2	17.6
紫菜	74628	20	27.4	1.5
江蓠	220791	20	20.6	3.3
合计				22.4

数据来源：农业农村部渔业渔政管理局、全国水产技术推广总站、中国水产学会编制：《中国渔业统计年鉴（2019）》，中国农业出版社，2019；孙康、崔茜茜、苏子晓等：《中国海水养殖碳汇经济价值时空演化及影响因素分析》，《地理研究》2020年第11期。

3. 微型生物蓝碳

海洋微型生物是指个体小于 20 微米的微型浮游生物和小于 2 微米的超微型浮游生物，包括浮游动物、浮游植物、蓝藻、细菌、古菌、病毒等。海洋微型生物个体虽小，但数量极大，生物量占全球海洋生物量的 90% 以上，是海洋碳汇的主要驱动者，其固碳、储碳机制主要由"生物碳泵"和"微型生物碳泵"共同构成。

针对固定面积海域，根据微型生物碳汇最终是否流向其他海域，可将其划分为沉积碳和输出碳。相关研究数据显示，我国东海海域面积约为 77 万平方公里，沉积碳通量为 675 万吨/年，输出碳通量为 1500 万~3500 万吨/年。[①] 福建省地处东南沿海，海域面积 13.6 万平方公里，全部位于东海，由此估算，福建省微型生物碳汇量约为 2058.1 万吨二氧化碳/年。

综上所述，福建省海洋碳汇量约为 2173.5 万吨二氧化碳/年。

（三）土壤碳汇情况

土壤碳汇是指土壤从大气中吸收并储存二氧化碳的过程、活动和机制。依照利用方式，可将土地划分为耕地、林地、草地、园地、农田、建设用地等类别。土地利用类型的变化、退化生态系统的修复以及土地管理模式的变化等都会影响土壤的碳储量。相关研究表明，林地转变为耕地将导致有机碳含量损失 20%~50%，林地转变为草地将导致有机碳含量减少 4%~22%，草地开垦为农田则会使土壤碳元素总量损失 30%~50%；相反，农田转变为森林、草地或者牧场等，则有助于土壤有机碳增加。福建省土地类型以耕地、林地、园地、建设用地和其他用地为主。

我国各区域不同土地利用类型的土壤碳密度有所差异，如表 4 所示。福建省各类土地面积保有量如表 5 所示。

---

① 焦念志、梁彦韬、张永雨等：《中国海及邻近区域碳库与通量综合分析》，《中国科学：地球科学》2018 年第 11 期。

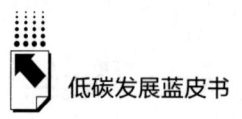

表4 我国各区域不同土地利用类型的土壤碳密度

单位：千克/平方米

名称	东北	华北	华东	华中	华南
耕　　地	3.20	2.17	2.25	2.55	2.51
林　　地	4.25	2.72	3.40	3.87	2.79
园　　地	2.89	2.03	2.88	3.50	2.64
建设用地	3.83	3.24	2.89	3.21	2.29
其　　他	0.85	0.85	0.85	0.85	0.85
综　　合	3.44	2.13	2.87	3.27	2.53

数据来源：杨柯：《我国典型农耕区土壤固碳潜力研究》，博士学位论文，中国地质大学（北京），2016。

表5 福建省各类土地面积保有量

单位：万公顷

年份	耕地	林地	园地	建设用地	其他
2013	133.88	834.69	74.40	78.67	118.36
2014	133.77	834.16	77.79	80.14	114.14
2015	133.63	833.64	77.30	81.97	113.46
2016	133.63	833.20	76.88	83.28	113.01
2017	133.69	832.76	76.65	84.42	112.48
2018	133.65	832.40	76.43	85.33	112.19

数据来源：福建省自然资源厅。

根据华东地区各类土壤碳密度以及福建省近年来不同类型土地面积保有量推算，福建省土壤碳汇量约为84.7万吨二氧化碳/年。

（四）碳汇总量

总体而言，林木碳汇测算方法较为成熟，海洋、土壤碳汇测算机理有待进一步完善；除此之外，碳汇类型还包括岩石、农业等，其中，岩石碳汇主要是通过碳酸盐岩风化过程吸收并储存二氧化碳；农业碳汇则是通过农作物光合作用进行固碳。但针对岩石碳汇和农业碳汇的研究相对较少，测算机理不成熟，且相关统计数据不详，暂时无法给出准确数值。综合前述分析可知，若仅考虑林木碳汇，2018年福建省可测算的碳汇量为5143.5万吨二氧

化碳/年；若计入可估算的全部碳汇，2018 年福建省可测算的碳汇量为7401.7 万吨二氧化碳/年。

二 福建省碳汇趋势预测

福建省是全国首个省级生态文明先行示范区和国家生态文明试验区，多年来积极推进森林、湿地、流域等重点生态区域保护工作。2020 年 12 月，福建省第十届委员会第十一次全体会议审议《中共福建省委关于制定福建省国民经济和社会发展第十四个五年规划和二〇三五年远景目标的建议》，明确指出要加强生态系统整体保护和修复，系统推进闽江、九龙江等主要流域大保护和可持续发展；深化落实河湖长制，全面推行林长制；精准提升森林质量，持续开展"三个百千"绿化美化行动；实施重要湿地生态系统保护与恢复工程，为福建未来增汇创造了良好条件。

（一）林木碳汇展望

根据蓄积量法，林木碳汇与林木蓄积量增加值正相关。国家林业和草原局编制的《中国森林资源报告（2014~2018）》数据显示，2008~2013 年福建省活立木蓄积量年均增加 2689.8 万立方米，2013~2018 年年均增加2607.2 万立方米，已表现出稳中趋降态势。同时，2021 年，中共福建省委办公厅、福建省人民政府办公厅印发《关于全面推行林长制的实施意见》，表示到 2035 年福建省森林蓄积量达到 8.29 亿立方米。据此推算，2030 年福建省林木碳汇量约为 4800 万吨二氧化碳/年，2060 年达 4330 万吨二氧化碳/年。[①]

（二）海洋碳汇展望

海岸带生态系统受人类生产生活方式影响极大，围填海、近海环境破坏等行为都可能造成红树林、海草床、盐沼大规模消失。近年来，福建积极推

---

① 福建省林木、土壤、海洋及总体碳汇预测数据为笔者测算。

进沿海生态环境保护，2021年2月，福建省生态环境厅、福建省自然资源厅印发《福建省加强陆海统筹 推进沿海生态环境保护 打造美丽海岸带工作方案》，提出要严格保护漳江口、九龙江口红树林，闽江口、兴化湾、泉州湾河口湿地等典型生态系统涉及的岸线；同时，要求加快开展生态保护修复，在泉州湾、九龙江口和漳江口等湄洲湾以南的重点河口种植修复红树林，恢复红树林生态景观带。在政策引导下，福建红树林面积有望逐步增加，但2018年数据显示，红树林碳汇仅占海洋碳汇的0.06%，其微小增加对海洋碳汇影响不大。

我国渔业具有高生产效率、高生态效率的特点，碳汇渔业在生物碳汇扩增战略中占有显著地位，在发展低碳经济中具有重要的实际意义和巨大的产业潜力。福建省早在2011年发布的《福建省海洋环境保护规划（2011~2020年)》中，就已提出要重点发展深水海域底播养殖和以贝藻类海水养殖业为主体的碳汇渔业。在政策驱动下，福建省贝藻类海产品产量连年提升。《中国渔业统计年鉴》数据显示，2015~2019年，福建省贝藻类海产品产量年均增速分别为5.3%、7.3%。随着海水养殖技术蓬勃发展，海水养殖向深远海发展将成为可能，养殖面积有望提升，且单位面积海产品产量将逐步增加。总体来看，短期内福建省贝藻类海产品产量将快速上升，随后保持在一定水平。

微型生物碳汇主要由所处海域碳通量推算，考虑海洋环境整体相对稳定，未来海域碳通量保持不变。

综上所述，预计到2030年福建省海洋碳汇量有望增加至2284万吨二氧化碳/年，2060年达2370万吨二氧化碳/年。

（三）土壤碳汇展望

土壤碳汇主要通过低碳密度土壤向高碳密度土壤转变来实现。多年来，为保护生态环境，国家、地方政策频出，鼓励退耕还林还草。2020年5月，财政部、国家林业和草原局印发《林业草原生态保护恢复资金管理办法》，规范了中央财政林业草原生态保护恢复资金管理，并以每亩退耕地1200元的补助鼓励退耕还林还草。福建省委、省政府在《关于全面加强生态环境保护坚决打好污染防治攻坚战的实施意见》中也明确指出，对生态严重退化地区实行封禁管理，稳步实施退耕还林还草。由此推断，福建耕地面积将继续保持下降趋势，林地面积则将逐步增加。

建设用地方面，早在2014年国土资源部就已印发《关于推进土地节约集约利用的指导意见》，明确指出要实施建设用地总量控制和减量化战略，努力实现全国新增建设用地规模逐步减少。虽然近年来，随着经济发展建设用地面积仍呈增加趋势，但增速已经开始逐步放缓。《中华人民共和国国民经济和社会发展第十四个五年规划和2035年远景目标纲要》指出，要加强土地节约集约利用，推动单位GDP建设用地使用面积稳步下降，"十四五"时期全国新增建设用地规模控制在2950万亩以内。短期来看，福建省经济高速发展仍将带来建设用地面积增长，但增速将保持下降趋势，随后面积总量趋于平稳。

综合上述分析，预计到2030年福建省土壤碳汇量约为88万吨二氧化碳/年，2060年达25万吨二氧化碳/年。

（四）碳汇总量展望

综合上述分析，在不采取增汇措施的情况下，未来福建省年碳汇量将逐步减少，仅考虑林木碳汇的情况下，预计2030年、2060年福建省碳汇量分别约为4800万吨二氧化碳/年、4330万吨二氧化碳/年；若同时计入海洋、土壤碳汇，预计2030年、2060年福建省碳汇量分别为7172万吨二氧化碳/年、6725万吨二氧化碳/年。

三　加快培育福建省碳汇的相关建议

（一）加强基础能力建设

一是加强碳汇理论、评估方法、增汇技术的原始创新，尤其要加紧攻关

海洋碳汇研究，形成蓝碳标准体系，积极抢占蓝碳科研新高地。二是建立碳汇调查、监测、评估和核算的标准和方法体系，打造涵盖卫星遥感、航空遥感、在线监测、现场调查的立体碳汇监测网络，常态开展碳汇普查、专项调查、长期监测等基础性调查监测活动，不断丰富碳汇数据库。

（二）加强碳汇资源培育

一是全面推行林长制，加强对森林资源的经营和管理，严格控制林地转为建设用地，持续抓好虫害防治和森林防火，实施森林带生态系统保护和修复重大工程，优化林种结构，精准提升森林质量。二是严守海洋生态保护红线，推进海洋保护区建设，推进"蓝色海湾"整治项目、海岸带生态保护修复工程等重大工程建设，综合运用退塘还林、退堤还海、人工再造生境和海岸工程等手段扩大海岸带植物宜居环境，因地制宜养护和恢复红树林、盐沼、海草床。三是抓好养殖空间规划，科学布局养殖生产，积极探索深远海海水养殖，构建"养－捕－加"相结合、"海－岛－陆"相连接的全产业链深远海养殖体系，合理有序扩大海水养殖规模；优选牡蛎、海带等固碳能力强的贝藻类养殖产品，推广多营养层次综合养殖模式，提高单位面积渔业碳汇量。

参考文献

陈镜明、居为民、刘荣高等：《全球陆地碳汇的遥感和优化计算方法》，科学出版社，2015。

丛荣：《济南市土地利用变化及其碳排放效应研究》，硕士学位论文，山东财经大学，2018。

国家林业和草原局编《中国森林资源报告（2014～2018）》，中国林业出版社，2019。

国家林业局编《中国森林资源报告（2009～2013）》，中国林业出版社，2014。

国家林业局编《中国森林资源报告：第七次全国森林资源清查》，中国林业出版社，2009。

胡学东主编《国家蓝色碳汇研究报告：蓝碳行动可行性研究》，中国书籍出版社，2020。

焦念志、梁彦韬、张永雨等：《中国海及邻近区域碳库与通量综合分析》，《中国科学：地球科学》2018年第11期。

邵桂兰、刘冰、李晨：《我国主要海域海水养殖碳汇能力评估及其影响效应——基于我国9个沿海省份面板数据》，《生态学报》2019年第7期。

孙康、崔茜茜、苏子晓等：《中国海水养殖碳汇经济价值时空演化及影响因素分析》，《地理研究》2020年第11期。

唐剑武、叶属峰、陈雪初等：《海岸带蓝碳的科学概念、研究方法以及在生态恢复中的应用》，《中国科学：地球科学》2018年第6期。

杨柯：《我国典型农耕区土壤固碳潜力研究》，博士学位论文，中国地质大学（北京），2016。

张婷、蔡海生、王晓明：《土地利用变化的碳排放机理及效应研究综述》，《江西师范大学学报》（自然科学版）2013年第1期。

张颖：《森林碳汇核算及其市场化》，中国环境出版社，2013。

B.4
2021年碳市场情况分析报告

李益楠 陈晚晴 林昶咏*

摘　要：　碳市场是推动企业降耗减排的有效手段之一。本文全面梳理了我国碳市场发展历程，分析了全国碳市场和福建试点碳市场的交易机制、运行情况，总结了其他试点碳市场的经验启示，在此基础上，研判了我国碳市场未来发展趋势。总体来看，我国碳市场正由"试点先行"向"全国推广"迈进，碳市场覆盖范围将进一步扩大，配额将逐步收紧，碳市场交易价格有望上涨，CCER开发利用价值有望提升，碳市场监督监管体系将进一步完善。

关键词：　碳市场　重点排放单位　配额　交易价格　CCER

一　碳市场现状分析

碳排放权是重点排放单位根据政府主管部门分配的碳排放额度，享有向大气中排放温室气体的权利。政府允许排放量低于配额的单位将剩余的排放权放到碳市场出售，供配额不足的单位购买。若重点排放单位排放量超标，且未能通过购买配额抵消超出部分，则需接受惩罚，从而以市场手段激励企业降耗减排。

---

* 李益楠，工学硕士，国网福建省电力有限公司经济技术研究院，主要研究领域为能源经济、能源战略与政策；陈晚晴，工学硕士，国网福建省电力有限公司经济技术研究院，主要研究领域为综合能源、能源战略与政策；林昶咏，工学硕士，国网福建省电力有限公司经济技术研究院，主要研究领域为能源经济、配电网规划、能源战略与政策。

（一）碳市场建设情况

1. 碳市场发展历程

由于碳市场建设需要大量的法律、制度、政策、技术、数据作为基础，其发展是一个长期过程，因此我国碳市场建设采取试点先行、全国推广的分阶段建设模式。2016 年前仅建设试点碳市场，2017 年起全国碳市场启动建设，2021 年后试点碳市场及全国碳市场同步推进。具体发展历程如下。

第一阶段，试点碳市场探索阶段（2011～2016 年）。国家正式启动碳市场试点工作，包含福建省在内的 8 个试点省（市）开始探索碳市场建设，各试点市场独立运行、互不干扰。与此同时，有关部门积极开展全国碳市场建设前期筹备工作。

2011 年，国家发展和改革委员会（以下简称国家发改委）办公厅印发《关于开展碳排放交易试点工作的通知》，正式批准北京、上海、广东（除深圳，下同）、天津、湖北、深圳、重庆等 7 个省（市）作为首批碳市场试点区域开展碳排放权交易。2013 年，深圳率先建成碳排放交易所并正式启动交易，拉开了我国碳交易从无到有的序幕。随后，其余试点也在 2013～2014 年相继启动碳交易。

2013 年，党的十八届三中全会通过《中共中央关于全面深化改革若干重大问题的决定》，明确指出要实行资源有偿使用制度和生态补偿制度，推行碳排放权交易制度。

2014～2015 年，国家相继颁布《国家应对气候变化规划（2014—2020 年)》《碳排放权交易管理暂行办法》《中美元首气候变化联合声明》等文件，明确我国碳市场建设的主要目标、总体框架等相关内容。

2016 年，"十三五"规划再次明确，要推动建设全国统一的碳市场，实行重点单位碳排放报告、核查、核证和配额管理制度。同年，福建省碳市场正式启动，陆续发布《福建省碳排放权交易管理暂行办法》等管理文件，成为第 8 个碳市场试点省（市）。福建省碳市场具有六大突出特点：一是建设标准高。福建省碳市场是全国首个采用国家颁布的碳核查标准与指南的试点，碳市场建设总体思路全面对接全国方案。二是建设速度快。福建省碳市场从启动到正式运行，只用了 8 个月，筹备时间最短。三是覆盖范围广。福建省碳市场首批重点排放单位共 277 家，除了国家规定的电力、钢铁、有色、石化、化工、建材、造纸、航空等八大行业外，福建省还结合自身产业特点，将陶瓷业年度能耗达 1 万吨标准煤的 119 家企业纳入。① 四是交易品种全。在积极对接全国建设方案的同时，针对福建省情，创新开发林业碳汇，2020 年产品主要包括福建碳排放配额（FJEA）、福建林业碳汇减排量（FFCER）和国家核证自愿减排量（CCER，指经过国家发改委量化核证的我国境内可再生能源、林业碳汇等项目实现的温室气体减排量）。五是交易方式多。有单向竞价、挂牌点选、定价转让、协议转让等多种交易方式。六是配套制度全。省政府层面出台了《福建省碳排放权交易管理暂行办法》和《福建省碳排放权交易市场建设实施方案》，省发改委会同省直有关部门出台了《福建省碳排放权抵消管理办法（试行）》《福建省碳排放配额管理实施细则（试行）》等 7 个配套文件，构建了较为完备的政策制度体系。

第二阶段，全国碳市场建设阶段（2017～2020 年）。全国碳市场建设工作稳步推进，并以电力行业为试点，进行模拟运行。在此期间，各试点碳市场建设持续深化、加速推进。

2017 年，国家发改委印发《全国碳排放权交易市场建设方案（发电行业）》（以下简称"方案"），正式启动全国碳排放交易体系。

2019～2020 年，生态环境部陆续发布《碳排放权交易管理办法（试行）》《纳入 2019～2020 年全国碳排放权交易配额管理的重点排放单位名单》《2019～2020 年全国碳排放权交易配额总量设定与分配实施方案（发电行业）》等相关文件，确立碳配额管理、碳市场交易及碳排放监测核查等三大核心制度，布局碳排放数据报送、碳排放权注册登记、碳排放权交易、碳排放权交易结算等四大支撑系统，进一步完善全国碳排放交易体系，为即将正式运行的全国碳市场做好准备。

---

① 《福建碳市场开市以来成交 401.67 万吨 277 家企业完成履约》，闽南网，http://www. mnw. cn/news/fj/1777908. html，2017 年 7 月 12 日。

第三阶段，全国碳市场与试点碳市场双轨运行阶段（2021年起）。全国碳市场正式启动，试点碳市场中达到纳入门槛的企业逐步并入全国碳市场统一管理，剩余企业仍保留在试点碳市场管理。

2021年2月1日起，随着《碳排放权交易管理办法（试行）》（以下简称《管理办法》）正式实施，全国碳市场拉开序幕。《管理办法》明确纳入全国碳市场的重点排放单位，不再参与地方碳排放权交易试点市场。由于发电行业产品排放占比高、数据基础相对好、监管体系完备，全国碳市场首批仅覆盖发电行业。

随后，生态环境部又陆续发布了《企业温室气体排放核算方法与报告指南（发电设施）》《企业温室气体排放报告核查指南（试行）》等技术规范，印发了《碳排放权登记管理规则（试行）》《碳排放权交易管理规则（试行）》和《碳排放权结算管理规则（试行）》等市场管理规则，并组织开展温室气体排放报告、核查、配额核定等工作，为全国碳市场上线交易打下坚实基础。

2021年7月16日，全国碳市场正式上线交易，我国成为全球规模最大的碳市场。

2. 碳市场交易机制

（1）管控范围

全国碳市场：各省份生态环境厅按照生态环境部的有关规定，将本省份年度温室气体排放量达到2.6万吨二氧化碳当量（综合能源消费量约1万吨标准煤）且隶属全国碳市场覆盖行业的温室气体排放单位，列入温室气体重点排放单位名录。重点排放单位名录实行动态调整制度，若排放单位连续2年温室气体排放未达到上述标准，或不再从事生产经营活动，则从重点排放单位名录中移出。重点排放单位需合理控制温室气体排放，按时报告碳排放数据，足额清缴碳排放配额，及时公开交易及相关信息，同时接受生态环境部的监管。

福建碳市场：将电力、化工、石化、钢铁、有色、建材、造纸、民航、陶瓷等9个行业中年度综合能耗达2.6万吨二氧化碳当量的单位列入配额管理重点排放单位，对名单实行动态管理。

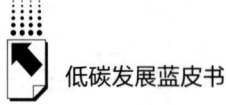
（2）配额分配

全国碳市场：根据国家温室气体排放控制要求，生态环境部在统筹考虑经济、能源结构、产业结构、大气污染物等因素的基础上，科学确定碳排放配额总量及其分配方案。各省份生态环境厅根据方案的相关规定，向本省份重点排放单位分配年度配额。

截至 2021 年 5 月，全国碳市场仅明确了电力行业配额核定方法，采用基准法核定各机组配额总量。各机组配额总量包括供电和供热两部分，其中，供电部分由供电基准值、实际供电量及修正系数共同决定，供热部分由供热基准值和实际供热量决定。各重点排放单位配额量为其所拥有各类机组配额量的总和。现阶段，配额免费分配，未来按需适时引入有偿模式。

福建碳市场：福建省生态环境厅根据减排目标，结合经济、产业发展情况以及重点排放单位情况等因素，设定年度配额总量。福建配额核定采用基准线法和历史强度法①，其中，发电、水泥、电解铝、平板玻璃等行业配额分配采用基准线法，由行业基准值和产量确定配额；电网、钢铁、化工等行业配额分配采用历史强度法，由历史强度值、减排系数和产量确定配额。碳排放配额实行动态管理，每年确定一次，截至 2020 年，采用免费方式进行分配。

（3）交易结算

全国碳市场：初期碳市场的产品仅为碳排放配额，未来生态环境部将按需新增其他交易产品。交易主体包括重点排放单位以及符合相关交易规则的机构和个人。

全国碳排放权交易可采取公开竞价、协议转让、有偿竞买等交易方式。每日交易结束后，依据交易机构提供的交易流水，注册登记结算机构对所有交易主体的全国碳排放权交易进行逐笔全额清算，根据清算结果进行全国碳排放权与资金的交收。

---

① 基准线法，指以重点排放单位所属行业基准碳排放强度标准，计算重点排放单位碳排放配额。重点排放单位配额＝行业基准值×产量。历史强度法，指以重点排放单位历史碳排放强度值为基准，计算重点排放单位碳排放配额。重点排放单位配额＝历史强度值×减排系数×产量。

福建碳市场：福建碳市场的产品包括 FJEA、CCER、FFCER，并将逐步加入碳中远期等产品；交易主体包括纳入福建碳市场的重点排放单位及符合福建交易机构规定的法人、其他经济组织和自然人。

海峡股权交易中心是福建碳排放权交易的指定平台，福建交易场所清算中心股份有限公司（以下简称"清算中心"）负责对碳排放权交易实行投资者和交易标的统一登记、保证金统一存管、交易统一结算。交易主体根据需要可采用协议转让、单向竞价、定价转让、挂牌点选等方式进行交易。每日交易结束后，清算中心根据交易系统的成交数据，逐笔清算应收、应付的碳排放权产品及资金；交易系统按照货银对付原则办理清算交收。

（4）清缴履约

全国碳市场：每年度，重点排放单位需按时向所属省生态环境厅清缴上年度配额。清缴量需不少于该单位上年度温室气体实际排放量。若重点排放单位配额有盈余，可在全国碳市场出售；反之，若配额不足可通过全国碳市场购买，从而满足履约要求。此外，参与全国碳市场的重点排放单位可使用 CCER 抵消碳排放配额的清缴，抵消比例不得超过应清缴碳排放配额的 5%。

福建碳市场：每年度，重点排放单位需按时向福建省生态环境厅清缴上年度配额。清缴量需不少于该单位上年度温室气体实际排放量。若重点排放单位配额有盈余，可在福建碳市场出售；反之，若配额不足可通过福建碳市场购买，从而满足履约要求。此外，参与福建碳市场的重点排放单位可使用 CCER、FFCER 抵消碳排放配额的清缴，用于抵消的减排量总量不得高于其当年经确认排放量的 10%；其中，用于抵消的 FFCER 不得超过当年经确认排放量的 10%、用于抵消的其他类型项目减排量不得超过当年经确认排放量的 5%。

可用于抵消的 CCER 应当同时满足以下要求：本省份内来自二氧化碳、甲烷气体的项目减排量，且非来自重点排放单位的减排量、非水电项目产生的减排量。

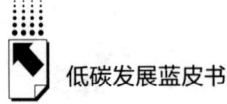

可用于抵消的 FFCER 应当同时满足以下要求：在本省份内产生，项目业主具有独立的法人资格，项目活动参照国家发展和改革委员会或省碳排放权交易工作协调小组办公室（碳交办）备案的林业碳汇方法学开发，项目应当是 2005 年 2 月 16 日之后开工建设的。

（5）监督监管

全国碳市场：针对重点排放单位排放情况和配额清缴情况的监督检查，主要采取"双随机、一公开"的方式，由设区的市级以上地方生态环境主管部门负责执行，监督检查情况需报生态环境部备案。生态环境部和各省份生态环境厅需定期进行信息公开，内容包括重点排放单位年度碳排放配额清缴情况等。根据《碳排放权交易管理暂行条例（草案修改稿）》最新规定，对于重点排放单位未能如实上报温室气体排放报告或拒不履行相关义务的，将处 5 万 ~ 20 万元不等的罚款，并责令限期改正；逾期未改正的，由省（区市）生态环境厅组织测算其温室气体实际排放量，并以此作为该重点排放单位的碳排放配额清缴依据。对于未能按时足额清缴碳排放配额的重点排放单位，将处 10 万 ~ 50 万元不等的罚款；逾期未改正的，对欠缴部分将等量核减其下一年度碳排放配额。

福建碳市场：重点排放单位未能如实履行碳排放报告义务，或者不配合第三方核查机构开展现场核查的，将处以 1 万 ~ 3 万元不等的罚款，并限期整改。对于未能足额清缴配额的重点排放单位，在责令整改后仍拒绝履行清缴义务的，在下一年度配额中双倍扣除未足额清缴量，并处以清缴截止日前一年配额市场均价 1 ~ 3 倍的罚款，但罚款金额不超过 3 万元。

（二）碳市场运行情况

1. 碳市场成交情况

截至 2020 年，全国碳交易共覆盖钢铁、电力、水泥等 20 多个行业约 3000 家重点排放单位，碳配额累计成交 4.45 亿吨，交易总额为 104.3 亿元，各试点交易价格从几元/吨到百元/吨不等；福建省累计碳配额交易总量

1126 万吨，交易总额 2.3 亿元，平均交易价格约 20 元/吨。①

（1）试点碳市场交易整体情况

2020 年，全国试点碳市场共成交配额约 5683 万吨，同比下降近 20%；但总成交额约 15.62 亿元，与上年总成交额相差甚微。造成这一结果的主要原因是各试点碳市场碳配额价格整体上同比提高，从而对冲了交易量下跌的影响。

（2）试点碳市场交易价格

2020 年，福建碳市场平均价格维持低位，仅 17.34 元/吨，已连续 3 年低于 20 元/吨；北京碳市场的平均价格位于 8 个试点碳市场首位，达 91.81 元/吨，个别交易日的成交价格甚至超 100 元/吨；重庆碳市场碳价格上涨幅度较大，成交均价从上年不足 10 元/吨上涨至 20 元/吨以上。全国 8 个试点碳市场碳配额成交均价如图 1 所示。

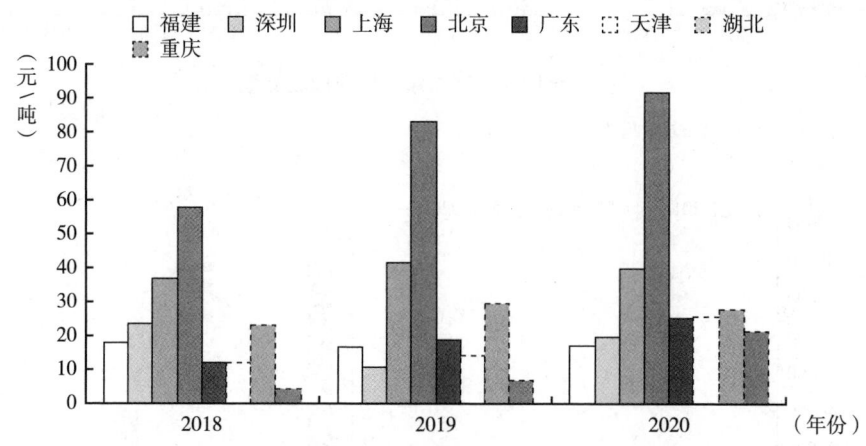

图 1　全国 8 个试点碳市场碳配额成交均价

数据来源：Wind 数据库。

（3）试点碳市场交易规模

2020 年，福建省碳市场交易规模大幅缩水，配额成交量仅为 2019 年的 1/4，市场活跃度位居 8 个试点省市中下游水平。广东碳市场交易规模持续

---

①　全国碳交易数据来自 Wind 数据库。

领跑，配额成交量达3154.7万吨，占试点总成交量的56%；配额成交额达8亿元，占试点总成交额的51%。重庆碳市场成交量和成交额分别同比增长220%、836%，但整体成交规模仍为试点碳市场末位。全国8个试点碳市场配额成交量如图2所示，成交额如图3所示。

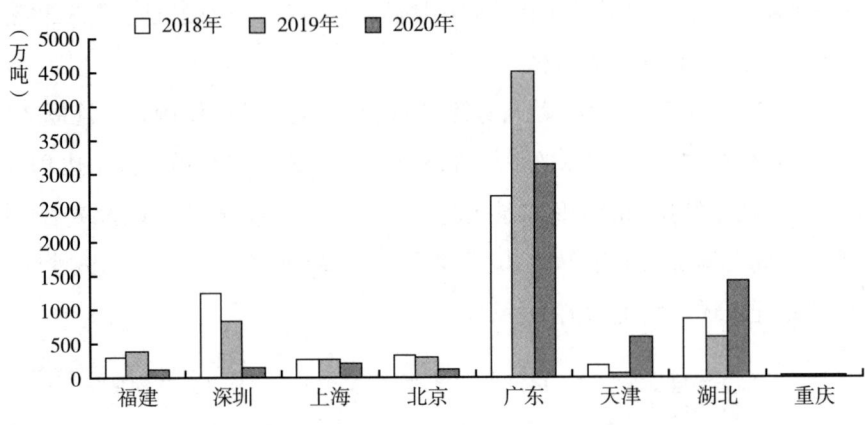

图2　全国8个试点碳市场配额成交量

数据来源：Wind 数据库。

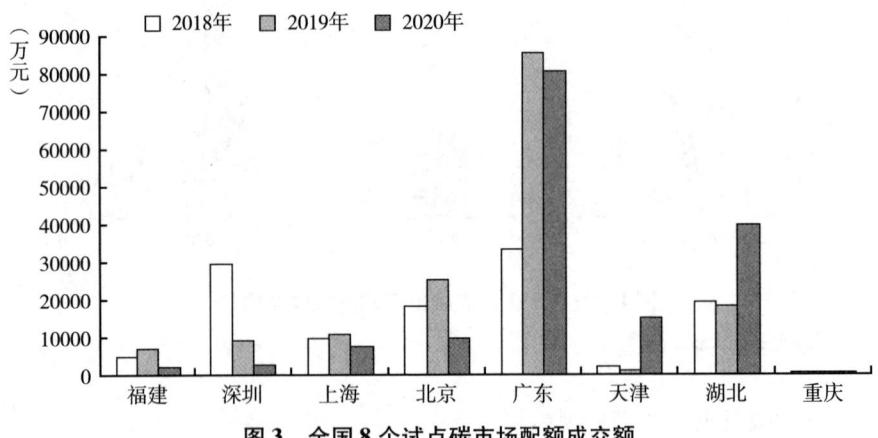

图3　全国8个试点碳市场配额成交额

数据来源：Wind 数据库。

2. 碳市场履约情况

碳市场试点初期，碳配额分配总体充裕。自碳市场启动以来，福建省履约率连续多年保持100%，暂未发生违约事件。但其他省市已出现少量违约情况。例如，2013年，广东省碳市场有2家单位未按规定报告年度碳排放信息，也拒不接受第三方机构核查；2018年，2家单位未按期完成履约义务。根据《广东省碳排放管理试行办法》，在省发改委责令整改后仍拒绝履行清缴义务的，在下一年度配额中双倍扣除未足额清缴量，并处5万元罚款。再如，2016年，北京市22家单位未按期完成履约义务，收到北京市发改委责令整改通知，要求10个工作日内完成碳排放配额的清算。根据《关于北京市在严格控制碳排放总量前提下开展碳排放权交易试点工作的决定》规定，对未在责令整改期限内完成清算的重点排放单位按照市场均价的3~5倍予以处罚。

（三）试点碳市场经验与启示

1. 管控范围

大部分试点设置的重点排放单位纳入门槛与全国碳市场一致，即以年温室气体排放量达2.6万吨二氧化碳当量为标准，将部分工业行业中满足条件的企业或其他经济组织作为重点排放单位。北京、深圳、上海则根据地区特点进一步降低纳入门槛，同时将覆盖范围拓展至建筑、服务等行业，推动更多行业、企业参与减排。

北京、深圳覆盖范围最广，已将重点排放单位范围扩大至全行业。北京将所辖范围内的移动和固定设施年度二氧化碳直接与间接排放量合计大于等于5000吨的企业、事业、国家机关及其他单位列为重点排放单位。深圳将年碳排放量达到3000吨二氧化碳当量以上的企业以及大型公共建筑和建筑面积达到1万平方米以上的国家机关办公建筑的业主纳入碳排放管控。2019年北京、深圳纳入管控的重点排放单位分别达843家、721家。[①]

---

① 《北京市生态环境局　北京市统计局关于公布2019年北京市重点碳排放单位及报告单位名单的通知》，北京市环境生态局网站，http://sthjj. beijing. gov. cn/bjhrb/index/xxgk69/zfxxgk43/fdzdgknr2/hbjfw/1745093/index. html，2020年3月23日；《深圳市生态环境局关于做好2019年度碳排放权交易相关工作的通知》，深圳政府在线，http://www. sz. gov. cn/cn/xxgk/zfxxgj/tzgg/content/post_ 7650474. html，2020年5月28日。

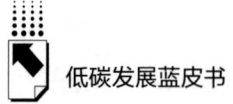

上海分领域差异化设置重点排放单位纳入门槛，其中，工业领域重点排放单位的标准为年度二氧化碳排放量2万吨以上或年度综合能耗1万吨标准煤以上，以及已参加2013～2015年碳排放交易试点且年度二氧化碳排放量在1万吨以上（或年度综合能耗在5000吨标准煤以上）；交通领域重点排放单位的标准为航空、港口行业年度二氧化碳排放量在1万吨以上（或年度综合能耗在5000吨标准煤以上），以及水运行业年度二氧化碳排放量在10万吨以上（或年度综合能耗在5万吨标准煤以上）；建筑领域（含酒店、商业）重点排放单位标准为已参加2013～2015年碳排放交易试点且年度二氧化碳排放量在1万吨以上（或年度综合能耗在5000吨标准煤以上）。2020年上海纳入管控的重点排放单位共314家。①

2. 配额核定

随着碳市场试点工作的纵深推进，各试点的配额核定方法也在不断优化，工业行业的配额核定普遍由相对简单的基于历史总量的历史排放法起步，逐步向管理精度更高的基于效率的历史强度法和基准线法演化。深圳、北京、上海在给出工业行业配额核定标准的基础上，还给出了交通、建筑等领域的配额核定方法。

深圳规定建筑领域碳配额按照建筑功能、建筑面积以及建筑能耗限额标准或者碳排放限额标准予以确定。

北京明确交通行业配额由固定设施配额、移动设施配额两部分组成。固定设施配额采用历史排放总量法；移动设施配额采用历史排放强度法，由履约年度运输总周转量或运输总里程、历史基准年排放强度、控排系数三部分共同决定。

上海对商场、宾馆、商务办公、机场等建筑采用历史排放法核定配额，即企业配额等于历史排放基数。以2020年碳配额核定为例，历史排放基数

---

① 《上海市生态环境局关于印发〈上海市纳入碳排放配额管理单位名单（2019版）〉及〈上海市2019年碳排放配额分配方案〉的通知》，上海市生态环境局网站，https：//sthj. sh. gov. cn/hbzhywpt2025/20200630/20348b1adf354c9ab73b7a461c9ec0a9. html，2020年6月30日。

一般取企业 2017～2019 年碳排放量的平均值，但若三年内企业碳排放量持续上升或持续下降，且累计变化幅度达到以下标准的，则取 2019 年碳排放数据，即 2019 年碳排放量在 500 万吨以上且碳排放量变化超过 100 万吨、2019 年碳排放量在 100 万吨至 500 万吨之间且变化幅度超过 30%、2019 年碳排放量在 100 万吨以下且变化幅度超过 40% 的。不满足上述条件，但年度间碳排放量变化超过 20% 的，取其变化后各年度碳排放量的平均值。

3. 配额分配

配额总量除了包含重点排放单位核定配额外，通常还预留出一部分作为政府调控配额，以便于政府对市场进行宏观调控。配额分配方式分为免费分配和有偿分配。广东、天津、上海、深圳均采用免费为主、有偿为辅的配额分配方式，从而为政府获得一定收入以用于支持低碳技术、产业的发展，或用于低碳基础设施投资；其余试点则采用免费方式分配配额。

天津、上海、深圳对重点排放单位核定配额给予免费分配，对政府调控配额则根据需要以拍卖或固定价格出售等方式有偿分配。广东是全国唯一对重点排放单位核定配额采用混合模式分配的试点省份，2020 年，广东地区电力企业的免费配额比例为 95%，钢铁、石化、水泥、造纸企业的免费配额比例为 97%，航空企业的免费配额比例为 100%。①

固定价格出售：指由政府制定碳配额交易价格，重点排放单位按照固定价格向政府购买碳配额。

拍卖出售：指由政府确定碳配额数量后，通过重点排放单位竞拍方式，以变动的拍卖价格向政府购买碳配额。

4. 清缴履约

除通过配额清缴完成履约外，各试点均允许重点排放单位使用 CCER 抵

---

① 《广东省生态环境厅关于印发广东省 2020 年度碳排放配额分配实施方案的通知》，广东省生态环境厅，http://gdee.gd.gov.cn/gkmlpt/content/3/3143/post_3143292.html#3217，2020 年 12 月 4 日。

消本单位的碳排放，北京在此基础上还创新推出了节能项目碳减排量和"我自愿每周再少开一天车"减排量，有助于引导和鼓励居民绿色消费、绿色出行，推动全民参与减排，提高城乡居民低碳意识。

节能项目碳减排量是指本市行政辖区的合同能源管理项目或节能技改项目实现的碳减排量，核算标准为连续稳定运行 1 年间节能项目实际产生的碳减排量。项目类型包括但不限于余热余压利用、锅炉（窑炉）改造、电机系统节能、绿色照明改造、能量系统优化、建筑节能改造等，但不考虑外购热力相关的节能项目。还需注意的是，以下两种情况实施的节能项目产生的碳减排量不得用于抵消：一是重点排放单位实施的项目；二是未完成国家、本市、区县上年度节能目标的单位实施的项目。

"我自愿每周再少开一天车"减排量也称为机动车自愿减排量，注册参与活动的机动车车主在自愿停驶机动车（限号当天除外）满 24 小时后即可获得相应碳减排量，该部分减排量可在碳市场出售来获取收益。活动开展短短一年就已累计注册用户 10.4 万人，单日形成的碳减排量超过 50 吨，累计碳减排量超 1.4 万吨。[①]

5. 监督监管

碳排放数据质量是整个碳交易工作的生命线，碳排放监测核算、报告和核查体系（MRV）的公平有效是碳市场健康运行的基础。北京在 MRV 制度建设方面已走在了相关试点省市的前列。

在碳评价方面，北京不仅对既有项目审定碳排放量，还对新增固定资产投资项目实行碳评价，以便从源头降低碳排放。在数据核查方面，北京碳市场推行核查机构和核查员双备案制，公开遴选了多家第三方核查机构及核查员；此外，为保障数据质量，在实行第三方核查的基础上，由北京市发改委组织专家对核查报告进行评审，并结合专家评审意见，组织第四方机构抽查部分重点排放单位核查报告，从而构成第三方核查、专家评审、第四方交叉

---

① 《北京"我自愿每周再少开一天车"平台上线满一年　碳减排量超 1.4 万吨》，新华社，https：//baijiahao. baidu. com/s？id = 1602975944871904169&wfr = spider&for = pc，2018 年 6月 11 日。

抽查多维体系，切实保障碳排放数据的真实性和准确性。

6. 金融衍生品

所谓碳金融，是指低碳经济投融资活动，或称碳融资和碳物质的买卖。依托碳配额及核证自愿减排量两种基础碳资产开发的各类碳金融衍生品，主要包括三类：一是交易产品，包括碳期货、碳远期、碳掉期、碳期权等；二是融资产品，包括碳质押、碳回购、碳托管等；三是支持产品，包括碳指数和碳保险等。北京、湖北、深圳、广州试点等地的交易所都尝试开展了相关碳排放权交易的金融衍生品服务，多集中在基金、债券、质押融资、回购融资等融资、支持类产品。交易产品方面，由于《期货交易管理条例》规定未经批准的非专业期货交易所不得进行期货交易，所以现有试点碳市场均不具有期货交易资格。因此，北京、湖北、深圳、广州四地碳交易机构纷纷从远期产品入手。湖北、上海和北京推出的碳远期产品均为标准化合同，采取线上交易，尤其是湖北采取了集中撮合成交的模式，已"无限接近"期货的形式和功能，上线至今日均成交量达到现货的 10 倍以上，显示出较强的市场活跃度。广州碳排放权交易所推出的碳远期产品为线下交易的非标准合约，市场流动性较低。

二　碳市场前景展望

（一）管控范围

一是碳市场建设由"试点先行"向"全国推广"迈进。《管理办法》明确温室气体排放单位属于全国碳市场覆盖行业，且年度温室气体排放量达到 2.6 万吨二氧化碳的单位，将列入全国碳市场温室气体重点排放单位名录，不再参与地方试点碳市场。这标志着试点碳市场相关行业的重点排放单位将进入全国市场统一管理，同时，非试点地区的重点排放单位也将开始参与碳市场交易。二是碳市场覆盖行业将进一步扩大。全国碳市场首批仅覆盖发电行业，包含 2225 家重点排放单位，未来将拓展至电力、石化、化工、建材、钢铁、有色金属、造纸和民用航空等八个行业。福建碳市场仅以工业领域重点行业为主，为加快推进碳达峰、碳中和行动，或将纳入建筑、服务等行业。三是重点排放单位纳入门槛或将下调。截至2021年5月，我国碳市场仍处于初级阶段，对各行业重点排放单位纳入门槛有一定的要求。随着碳市场逐步趋于成熟，未来碳市场门槛有望进一步降低甚至取消，以改变大量中小企业排放不受约束的现状。

（二）配额分配

一是分配模式将由免费分配向混合分配转变。《管理办法》中明确全国碳市场配额以免费分配为主，适时将引入有偿分配。《福建省碳排放权交易管理暂行办法》中也指出初期碳排放配额将采取免费方式进行分配，后续适时引入有偿机制，并将逐步降低免费分配比例。根据发达国家碳配额分配经验，随着市场日趋成熟，有偿分配比例将逐步扩大，欧盟对电力行业甚至实行全额有偿分配。虽然短期内全国碳市场和福建碳市场重点排放单位均无须有偿购买配额，但长期来看混合分配是大势所趋。二是碳配额降幅或将逐步扩大。从国际经验看，发达国家碳配额普遍采用绝对总量控制法，即对纳入碳市场的配额总量设置上限，并逐年降低，且降幅持续扩大。比如，欧盟碳市场明确在2013~2020年，碳配额总量逐年线性下降1.74%；2021~2030年，下降系数增加到2.2%。又如，新西兰政府明确2020年起工业企业的碳配额将逐年降低，且在今后30年内每十年降幅扩大1个百分点，即2020~2030年、2031~2040年、2041~2050年碳配额逐年分别降低1%、2%、3%。在碳达峰、碳中和的目标驱动下，全国及试点碳市场配额或将加速收紧。

（三）市场交易

一是我国有望成为全球交易量最大的碳市场。中国碳市场启动交易前，欧盟碳市场交易量全球第一，2020年超80亿吨。中国碳市场启动交易后，首批纳入企业已覆盖温室气体排放量超过40亿吨，随着中国碳市场管控范围不断扩大、碳配额逐步收紧，我国碳市场活跃度将进一步提升，交易量有望超过欧盟。二是碳市场交易价格存在较大上涨空间。据美国环境保护局估算，碳排放的社会成本为每吨 40 美元左右，而我国碳市场平均价格不足 50 元/吨。根据欧盟、新西兰碳市场发展经验，碳市场规模扩大后，最高交易价格可达到初期的 2 ~ 3 倍。据此推测，未来碳市场交易价格将逐步上涨。

（四）清缴履约

一是 CCER 需求量有望增加。各试点碳市场对 CCER 抵消比例均有 3% ~ 10% 不等的限制，导致 CCER 供过于求，市场价格较低。以北京为例，近半年 CCER 成交价约 20 元/吨，仅为配额成交价的 1/4。此外，大部分试点碳市场对 CCER 有地域限制，福建、湖北仅允许使用本省项目，北京、天津明确优先使用京津冀地区项目。随着《管理办法》明确全国碳市场重点排放单位可以使用 CCER 抵消本单位产生的碳排放，CCER 适用范围将进一步扩大。同时，在加快碳达峰、碳中和的背景下，碳配额收紧也将增加 CCER 需求。二是 CCER 开发利用监管形势趋严。2017 年 3 月起，国家发改委停止受理 CCER 项目的备案申请，并对《温室气体自愿减排交易管理暂行办法》进行修订。借鉴各试点经验，在即将出台的新规中，水电、化石能源余能利用等类型 CCER 项目可能会被限制申请及使用，而鼓励清洁能源发电、林业碳汇等项目。

（五）监督监管

一是监督方式由线下向线上转换。《管理办法》明确了全国碳排放权注册登记系统和交易系统是支撑碳市场的两大系统，数字化核查将成为政府监督的重要手段，远期将实现报送、分析、监测全过程上系统。二是惩戒方式将进一步完善。随着市场逐步成熟，配额减少，重点排放单位履约压力将逐步增大。为督促各单位全面履约，有关部门或将联合推出规章制度，完善惩戒管理机制，通过约谈通报、失信联合惩戒等相关措施强化制度执行。

三 福建省碳市场建设相关建议

（一）主体与配额同优化，切实传导政府节能减排压力

一是全面评估福建省各行业碳排放情况，综合考虑各行业减排潜力，分领域差异化设置重点排放单位纳入门槛，有序拓展福建省碳市场主体范围。二是以碳达峰、碳中和目标为约束，逐年适度收紧重点行业配额指标，引导企业长期保持减排动力；同时，选取部分行业试点实行有偿配额分配方式，通过灵活调节免费配额比例，统筹调控各行业减排速度。

（二）政府与企业齐发力，超前部署央地市场对接工作

一是按照全国碳市场相关工作部署，主动贡献试点经验，积极参与全国碳市场机制设计，并就福建省碳市场与全国碳市场衔接议题与生态环境部加强沟通对接，确保平稳过渡。二是主动邀请国家气候战略中心、全国碳市场能力建设中心等专业机构为福建省拟纳入全国碳市场的重点排放单位开展数据管理、核证自愿减排量开发、履约、交易等能力建设培训，引导企业由单纯履约向碳资产综合管理转变，为企业进入全国碳市场打好基础。

（三）核查与惩戒两手抓，全面构建多维共治监管体制

一是发挥第三方核查机构的基础性保障作用以及专家、第四方机构的监督作用，建设第三方核查、专家评审、第四方交叉抽查的多维数据核查体系，全力确保碳排放数据的准确性和真实性。二是完善惩戒管理机制，对虚报、瞒报、拒绝履行碳排放报告义务和未足额清缴配额等情形加重处罚力度，提高相关单位违约成本，并通过约谈通报、失信联合惩戒等相关措施强化制度执行，形成制度威慑。

B.5
2021年福建省低碳技术发展分析报告

项康利　陈柯任　陈晚晴*

摘　要： 低碳技术是实现碳达峰、碳中和的重要手段，包括清洁能源技术、CCUS、储能、电动汽车、多能互补等。福建省风电、光伏、核电、生物质发电等清洁能源技术已经广泛应用，氢能的制取、储运、应用技术加快研究，CCUS已开始示范，"源网荷"三侧储能应用同步发力，电动汽车加速发展，多能互补技术依托海岛、工业园区等已逐步走向实际应用。总体来看，福建省低碳技术具备一定的优势，在实现碳达峰、碳中和目标中将发挥重要作用。预计2060年福建省清洁能源装机将超过1亿千瓦，新能源制氢、氢燃料电池汽车广泛应用，CCUS技术取得突破并形成产业链，储能技术深度融入电网各环节，多能互补技术实现城市级应用。

关键词： 低碳技术　清洁能源　CCUS　电动汽车　多能互补

一　福建省低碳技术发展情况

（一）清洁能源技术发展情况

清洁能源技术主要包含风电、光伏、核电、生物质和氢能等技术，通过

---

* 项康利，工学硕士，国网福建省电力有限公司经济技术研究院，主要研究领域为能源经济、能源战略与政策；陈柯任，工学博士，国网福建省电力有限公司经济技术研究院，主要研究领域为能源经济、低碳技术、能源战略与政策；陈晚晴，工学硕士，国网福建省电力有限公司经济技术研究院，主要研究领域为综合能源、能源战略与政策。

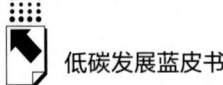

广泛应用清洁能源技术，可以逐步替代传统化石能源，进而降低二氧化碳排放，实现碳达峰、碳中和目标。

1. 风电技术发展情况

（1）风电技术简介

风电指风力发电，是利用风力带动风车叶片旋转，再通过增速机将旋转的速度提升，促使发电机发电的技术。风电具有清洁、可再生、基建周期短、装机规模灵活等优点，但同时也存在噪声较大、占用土地多等缺点。风电按照建设场地分为陆上风电和海上风电，其开发潜力取决于风能资源情况。福建省东临东海，受季风和台湾海峡"狭管效应"的共同影响，沿海陆上及海上风能资源十分丰富。沿海陆上风能资源总储量（10 米高度）4131 万千瓦，[①] 其中，资源较好的 70 米高度风能技术开发量为 1341 万千瓦。近海海上风能资源理论蕴藏量超 1 亿千瓦（见表1）。2021 年，福建省海上风电已勘测可开发量达 7000 万千瓦以上，其中闽南外海风电可开发量为 3000 万千瓦。

表1　福建省近海风能资源理论蕴藏量

单位：万千瓦

水深分类 \ 地区	宁德	福州	莆田	泉州	漳州	厦门	全省
0~5 米	5	207	85	113	192	0	602
5~20 米	418	420	404	201	619	77	2140
20~50 米	1326	2441	944	1159	2562	1098	9530
50 米以内合计	1749	3068	1434	1474	3373	1175	12273

数据来源：《福建省海上风电场工程规划报告（2010 年版）》。

（2）风电技术发展与应用情况

风电机组持续大型化。截至 2020 年底，陆上风电单机容量从 2~3 兆瓦

---

① 福建省风能资源数据来自《福建省海上风电场工程规划报告（2010 年版）》《福建省海上风电场工程规划报告（2021 年修编）（征求意见稿）》。

为主跨越到 3 兆瓦以上机型，① 多家厂商已陆续推出 4～5 兆瓦级别的机型；海上风电单机容量以 5 兆瓦机型为主流，7 兆瓦机型已逐步实现商业运行，10 兆瓦及以上机型已开始国产化。2021 年 2 月，维斯塔斯（Vestas）推出单机容量 15 兆瓦海上风电机组，风轮直径 236 米，截至 2021 年 4 月，是全球单机容量最大的风电机组。

自主研发和制造水平快速提升。我国风电全产业链已基本实现国产化，产业集中度不断提高，为全球风电技术进步和设备成本下降奠定了基础。2020 年 6 月，我国首台 8 兆瓦海上风电机组在广东汕头临港"黑启动"成功，实现了并网零冲击。2020 年 7 月，我国首台 10 兆瓦海上风电机组在福建福清兴化湾成功并网发电，刷新了我国海上风电单机容量新纪录。

装机规模和发电量持续增长。2020 年，福建省风电装机量增长迅猛，累计装机 486 万千瓦，② 同比增长 29.3%，占电源总装机量的 7.6%；全年风电机组发电量为 122 亿千瓦时，同比增长 40.2%，占总发电量的 4.6%。2015 年以来福建省风电装机情况如图 1 所示。

图 1　福建省风电装机量及发电量

数据来源：国网福建省电力有限公司统计。

---

① 《2019 年新能源发电设备行业发展年度报告》，中国电力新闻网，http://www.cpnn.com.cn/zdyw/202001/t20200109_1183271.html，2020 年 1 月 9 日。

② 福建省风电、光伏、核电、生物质发电装机及发电量数据来源于国网福建省电力有限公司。

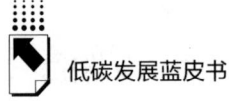
2. 光伏技术发展情况

（1）光伏技术简介

光伏是太阳能光伏发电系统的简称，该系统利用太阳能电池半导体材料的光伏效应，将太阳光辐射能直接转换为电能。光伏分为集中式和分布式，6 兆瓦以下的光伏多为分布式，主要包括工商企业厂房屋顶光伏发电系统和居民屋顶光伏发电系统。福建省属于太阳能资源三类地区，太阳光照年平均总辐射量在 3800 ~ 5400 兆焦/平方米，年平均直接辐射量在 1800 ~ 3000 兆焦/平方米，集中式光伏发展空间有限，但分布式光伏发展潜力较大。

（2）光伏技术发展与应用情况

光伏产业快速发展。2020 年，我国光伏产业保持高速增长，多晶硅产量达 39.2 万吨，[①] 同比增长 14.6%；硅片产量约为 161.3 吉瓦，同比增长 19.7%；电池片产量约为 134.8 吉瓦，同比增长 22.2%；组件产量达到 124.6 吉瓦，同比增长 26.4%。

电池片转换效率不断提升。晶硅电池方面，2020 年，规模化生产的 P 型单晶电池均采用发射极和背面钝化电池（PERC）技术，平均转换效率达到 22.8%，较 2019 年提高 0.5 个百分点；采用 PERC 技术的多晶黑硅电池片转换效率达到 20.8%，较 2019 年提高 0.3 个百分点；BSF P 型多晶黑硅电池转换效率约 19.4%，较 2019 年提高 0.1 个百分点；N 型 TOPCon 电池平均转换效率达到 23.5%，异质结电池平均转换效率达到 23.8%，均较 2019 年提高 0.8 个百分点。薄膜电池方面，截至 2020 年底，能够商品化的薄膜太阳能电池主要包括碲化镉（CdTe）、铜铟镓硒（CIGS）等。2020 年，碲化镉薄膜电池产线平均转换效率达到 15.1%，较 2019 年提高 0.5 个百分点；玻璃基铜铟镓硒薄膜太阳能电池组件产线平均转换效率为 16.5%，较 2019 年提高 0.5 个百分点。各类光伏电池转换效率如表 2 所示。

---

① 光伏产业、光伏电池数据来源：《中国光伏产业发展路线图（2020 年版）》。

表2　2020年光伏电池转换效率

分类		2020年平均转换效率(%)
P型多晶	BSF P型多晶黑硅电池	19.4
	PERC P型多晶黑硅电池	20.8
	PERC P型铸锭多晶电池	22.3
P型单晶	PERC P型单晶电池	22.8
N型单晶	TOPCon单晶电池	23.5
	异质结电池	23.8
	背接触电池	23.6
薄膜电池	碲化镉薄膜电池	15.1
	玻璃基铜铟镓硒薄膜电池	16.5

数据来源：《中国光伏产业发展路线图（2020年版）》。

光伏成本持续下降。2020年，光伏系统投资成本为3.99元/瓦左右，较2019年下降0.56元/瓦。度电成本具有明显的地区差异，呈现西低东高的趋势，2020年，我国光伏发电度电成本为0.17～0.35元/千瓦时。

海上光伏成为光伏应用的新蓝海。我国近海总面积470多万平方公里，其中理论上可发展海上光伏的海洋面积约为71万平方公里，按照千分之一的比例转化，可安装海上光伏71吉瓦。2017年福建省最大的近海光伏发电示范性项目——漳州市漳浦竹屿光伏发电，装机容量100兆瓦，采用渔业养殖与光伏发电互补方式，空中发电、水面观光和水下养殖，形成对近海经济空间的立体利用。2018年浙江省宁波市慈溪海上光伏项目，总装机220兆瓦，是我国装机规模最大的海域光伏电站。

装机规模和发电量不断扩大。2020年，福建省光伏装机202万千瓦（见图2），同比增长19.5%，占电源总装机量的3.1%；全年光伏发电量为19亿千瓦时，同比增长18.8%，占总发电量的0.7%。从光伏类别来看，福建省分布式光伏装机163.2万千瓦，占光伏装机的比重为81%，其中2020年新增光伏装机33万千瓦全部为分布式光伏。

3. 核电技术发展情况

（1）核电技术简介

核电是利用轻原子核的融合（核聚变）和重原子核的分裂（核裂变）

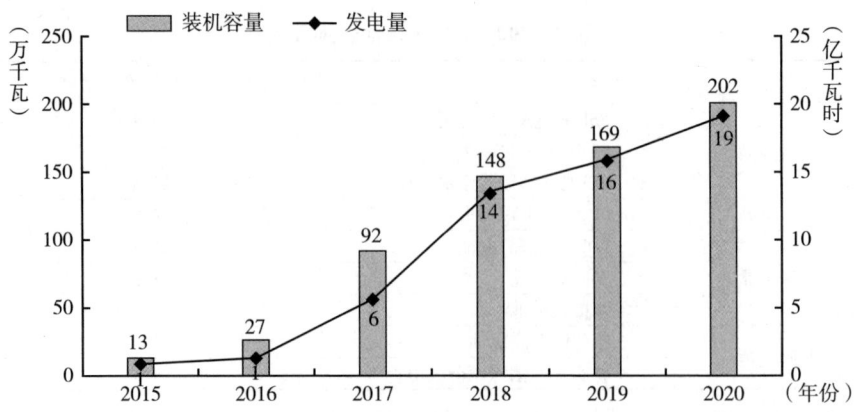

图 2　2015～2020 年福建省光伏装机量及发电量

数据来源：国网福建省电力有限公司统计。

释放的大量热量，将核能转化为电能的发电技术。截至 2020 年底，人类还没有完全掌握控制核聚变过程的技术，现有核电站利用的核能均为核裂变能。核电使用的燃料为重金属元素"铀 - 235"，1 千克铀 - 235 全部裂变释放出的能量相当于 2700 吨标准煤燃烧释放的能量。与传统的火力发电相比，核电具有十分明显的优势，不会造成空气污染，不会排放二氧化碳加重地球温室效应，核燃料的能量密度比化石燃料高几百万倍，一座 100 万千瓦的核电站一年只需 30 吨铀。但是核电也存在一些缺点，核燃料废料具有放射性，排放的废热对环境有较大的热污染，核电站发生事故容易将大量的放射性燃料释放到外界环境，对生态及民众造成伤害。

　　发展核电主要依赖于铀矿资源和核电厂址资源。世界铀矿资源充足，福建省建立了省内开采、海外开发及国际贸易三渠道并举的铀资源保障体系，铀资源在可以预见的未来不会成为核电发展的瓶颈。考虑到安全性问题，我国暂不发展内陆核电。福建省相对明确的核电厂址有 4 处，为福清核电厂址、宁德核电厂址、霞浦核电厂址、漳州核电厂址。

　　（2）核电技术发展与应用情况

　　核电站技术发展已进入第四代。第一代核电站主要是 20 世纪 50～60 年代开发的原型堆和试验堆，如美国已退役的希平港核电站。第二代核电站主

要是 20 世纪 70 年代至今正在运行的大部分商业核电站基本堆型，它们大部分已实现标准化、系列化和批量化建设。第三代核电站主要指 20 世纪 90 年代起，对专设安全系统进行升级后，符合美国"电站业主要求文件（URD）"或"欧洲用户要求文件（EUR）"的先进核电反应堆，包括美国的 AP1000（大量采用非能动安全系统）、欧洲的 EPR（采用增加能动安全系统冗余度保证安全）、中国的华龙一号（兼有 AP1000 及 EPR 的特点），其安全性明显优于第二代核电站。浙江三门核电站是我国第一个采用三代核电技术（AP1000）的核电项目，福建福清核电站投运的 5# 机组是我国"华龙一号"核电技术首个应用项目。第四代核电站是指 21 世纪以来在第三代核电站基础上进一步考虑防止核扩散的反应堆，主要特征是经济性好、安全性高、废物产量少。在建的福建中核霞浦核电快中子堆示范工程、福建华能霞浦核电高温气冷堆商业示范工程采用第四代核电技术，标志着我国在第四代核电技术研发方面进入了国际先进行列。

核电装机规模有序扩大。2013 年福建首台核电宁德核电 1# 机组投运，2014 年福清核电 1# 和 2# 机组投运，2015 年宁德核电 2# 机组、福清核电 3# 机组投运，2016 年宁德核电 3# 机组、福清核电 4# 机组投运，2017 年宁德核电 4# 机组投运。截至 2020 年，福建省核电装机容量为 871 万千瓦（见图 3），占电源总装机量的 13.7%，占比排名全国第一；年发电量为 652 亿千瓦时，占总发电量的 24.7%。

4. 生物质发电技术发展情况

（1）生物质发电技术简介

生物质发电是将生物质能转化为电能，生物质能的释放和固定可形成二氧化碳的循环与平衡，因此生物质发电可认为是净零排放。此外，利用生物质与碳捕集封存联合发电（BECCS）技术，可以实现生物质发电全生命周期的零碳甚至负碳排放。

生物质发电包括农林废弃物直接燃烧发电、农林废弃物气化发电、垃圾焚烧发电、垃圾填埋气发电、沼气发电等。其中，垃圾焚烧发电是我国装机规模最大的生物质发电。农林生物质直接燃烧发电是指将农林生物质直接送

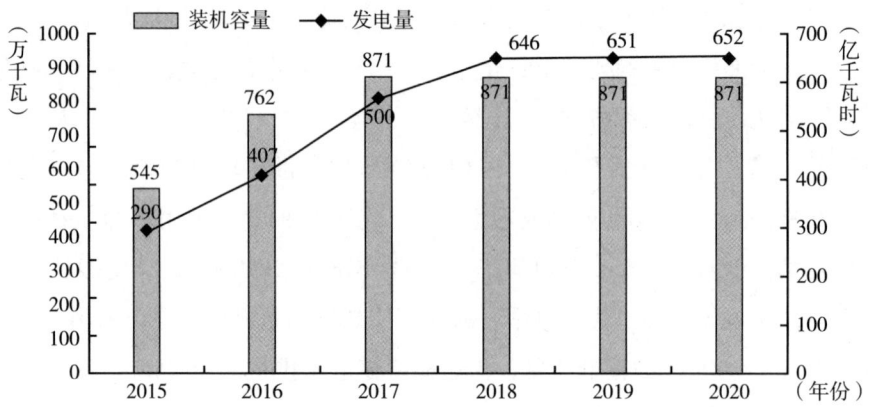

图3　2015～2020年福建省核电装机量及发电量

数据来源：国网福建省电力有限公司统计。

往锅炉中燃烧，以产生蒸汽推动蒸汽轮机做功，再带动发电机发电。生活垃圾焚烧发电是指将生活垃圾运至发电厂，经过一定处理后送入焚烧炉，在炉内高温燃烧，并利用焚烧产生的烟气将水加热，产生蒸汽驱动汽轮机组发电。

（2）生物质发电技术发展与应用情况

主要环节技术水平全球领先。生物质发电关键技术包括生物质锅炉、汽轮机组、垃圾焚烧炉、BECCS等。生物质锅炉方面，我国在各种秸秆的掺烧方面已优于国外设备，处于全球领跑水平。汽轮机组方面，我国生物质直燃发电汽轮机组在高参数反动式小功率汽轮机技术方面拥有自主知识产权，该技术解决了生物质发电热力循环效率不高的核心问题，处于全球领先水平。垃圾焚烧炉方面，我国在流化床焚烧炉和多级液压炉排炉技术方面拥有自主知识产权，在大型化和高热值炉排炉技术方面已经取得了一定突破，总体水平全球领先。BECCS方面，我国仍处于研究阶段，现有试点集中在美国、加拿大等国家。

装机规模和发电量逐步增长。2020年，福建省生物质装机80万千瓦（见图4），同比增长35.6%，装机占电源总装机量的1.3%；发电量为39亿千瓦时，同比增长25.8%，占总发电量的1.5%。

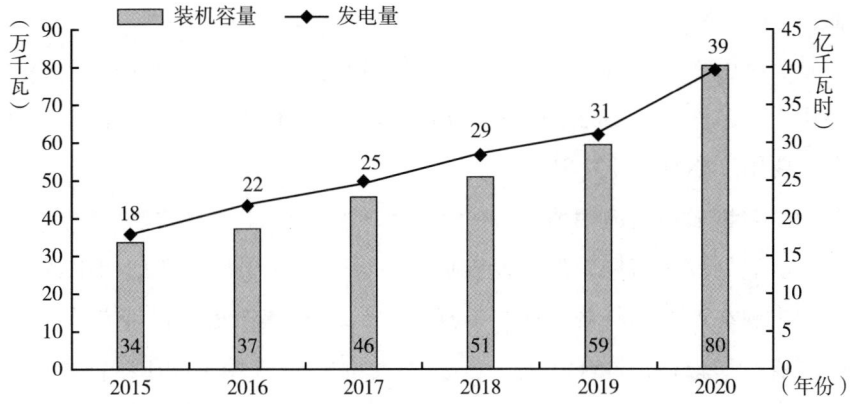

图4　2015～2020年福建省生物质发电装机量及发电量

数据来源：国网福建省电力有限公司统计。

5. 氢能技术发展情况

（1）氢能技术简介

氢在地球上主要以化合态的形式出现，是宇宙中分布最广泛的物质，构成了宇宙质量的75%。氢能是二次能源，燃烧产物是水，具有零碳、高效等特点，燃烧热值是汽油的3倍、酒精的3.9倍、焦炭的4.5倍。氢能技术发展主要包括氢的制取、储存、运输、应用等方面。

氢的制取包括化石燃料制氢、工业副产物制氢、电解水制氢、新型制氢等。化石燃料制氢包括以煤炭、天然气为代表的化石能源重整制氢；工业副产物制氢包括焦炉煤气、氯碱尾气、丙烷脱氢为代表的工业副产气制氢；电解水制氢根据电解质不同主要分为碱性电解水制氢、质子交换膜电解水制氢、固体氧化物电解水制氢三类；新型制氢包括生物质制氢等。

氢的储存主要有气态储氢、液态储氢和固态储氢三种方式，其中高压气态储氢是最成熟、成本最低、应用最为广泛的储氢技术；液态储氢具有储氢量大、安全性高、成本高等特点；固态储氢需要用到储氢材料，但储氢材料价格昂贵，且性能有待研究。氢的运输主要包括长管拖车、液氢槽车和氢气管道三种方式，其中长管拖车是近距离运输的重要方式；液氢槽车是较远距离、较大输量运输的重要方式；管道运输应用于大规模、长距离的氢气

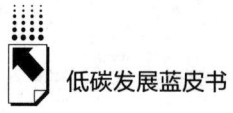

运输。

氢能应用领域包括工业领域、交通领域和发电领域等。其中，工业领域主要用于石油炼化、氨的生产等；交通领域主要用于氢燃料电池汽车；发电领域主要用于燃料电池发电。

（2）氢能发展与应用情况

氢能规划加速布局，加氢设施加快建设。国家层面，2012年以来，氢能多次出现在产业和科技发展相关规划中；2019年，氢能产业首次纳入国务院政府工作报告；同年5月，全国人大批准的《关于2019年国民经济和社会发展计划执行情况与2020年国民经济和社会发展计划草案的报告》提出"制定国家氢能产业发展战略规划"。省级层面，广东、山西等13个省份将发展氢能写入政府工作报告，山东、四川等省份已发布氢能产业发展规划，广东、上海和山东氢能布局较为广泛。市级层面，张家口加快打造"氢能之都"，并制定《张家口氢能保障供应体系一期工程建设实施方案》《张家口赛区冬奥会交通服务车辆能源保障加氢站规划方案》等文件，明确将在2022年前实现氢气产能10000吨/年，建设加氢站16座，以满足冬奥会2000辆氢燃料电池车的用氢需求。企业层面，截至2021年4月，至少已有26家中央企业开展氢能相关业务布局，主要集中在装备制造、电力电网和石油化工三大领域，为氢能业务的快速发展提供了坚实的基础。截至2020年，全国已累计建成118座加氢站，分布在20个省份，其中广东（30座）、山东（11座）、上海（10座）位居前三，福建省暂无加氢站。[①]

制氢技术处于发展阶段且成本较高。全球生产的氢能中，96%源于传统化石能源制氢，电解水制氢产量仅占4%。常见制氢技术中，煤制氢技术成熟，已实现商业化且具有明显成本优势，制氢成本为8~10元/千克；天然气制氢成本受原料价格影响较大，综合成本约为17元/千克；电解水制氢成

---

① 《2020年中国累计建成118座加氢站　分布在20个省市》，人民资讯，https：//baijiahao. baidu. com/s？id=1688103749623276518&wfr=spider&for=pc，2021年1月6日。

本为30～40元/千克。^① 虽然电解水制氢成本高，但因为其原料来源稳定，且可利用风电、光伏等新能源，是未来制氢的重要发展方向。多种电解水制氢技术中，碱性电解水制氢处于商业成熟阶段，日本东芝发布了产量达到1200立方米/小时的碱性电解水制氢系统，我国中船718所推出多款商用碱性电解水制氢设备；质子交换膜电解水制氢是研究和应用的热点，美国Proton Onsite等公司已研制出兆瓦级质子交换膜电解水制氢装置，百千瓦级已实现商业化应用，我国质子交换膜电解水制氢技术与国外差距较大，中船718所、大连化物所等科研单位研制的装置仅为数十千瓦；固体氧化电解水制氢技术尚不成熟，仍处于实验室和小型示范阶段。

储运技术尚无法支撑氢能广泛应用。从储存技术来看，高压气态储氢方面，国外已经使用35兆帕和70兆帕储氢罐，我国则主要采用35兆帕储氢罐；液态储氢方面，国外70%左右场景使用液氢运输，我国仅限于航天领域，民用还未涉及，且缺乏液氢相关的技术标准和政策规范；固态储氢方面，国内外均处于实验室阶段。从运输技术来看，长管拖车方面，国外采用35兆帕高压氢瓶长管拖车运氢且单车运氢量可达700千克，我国主要采用20兆帕长管拖车运氢且单车运氢量仅为300千克；液氢槽车方面，美国、日本已将液氢槽车作为加氢站运氢的重要方式，我国则尚未实现商业化；氢气管道方面，美国、欧洲已分别建成2500公里、1598公里的输氢管道，我国仅有约100公里的输氢管道。

在交通和发电领域的应用处于起步阶段。全球91%的氢能应用于工业领域，其中，48%的氢能应用于石油炼化，43%的氢能应用于氨生产，仅9%应用于交通、发电等其他领域。工业领域方面，石油炼化和氨生产都是将氢气作为原材料直接参与反应。氢气作为能源，未来重要的应用领域主要在交通和发电两个方面。交通领域方面，2020年，全球氢燃料电池汽车销量达到9006辆，我国氢燃料电池汽车销量为1177辆，占全球比重为

---

① 《2019～2020年氢能源行业深度报告（下）》，搜狐网，https：//www.sohu.com/a/405566223_120157024，2020年7月3日。

13.1%，基本为商用车；厦门金龙在"第十七届中国·海峡项目成果交易会"期间正式运营福建省首辆氢燃料客车，其后福州长乐 616 路闽运公交线路示范运营 2 辆氢燃料客车，车型采用以燃料电池系统为主、动力电池为辅的电氢混合系统，车载供氢系统可储存 14 千克气态氢，最长续航里程为580 公里，加氢时间需 10 ~ 15 分钟。发电领域方面，燃料电池发电有分布式电站、家用热电联供系统、备用电源三种场景，现有的分布式电站主要分布在美国、韩国和日本，我国仅在辽宁省营口市有一座 2 兆瓦燃料电池发电系统；现有的家用热电联供系统主要应用在日本，已部署超 27 万套，我国尚无市场化产品；国外通信用燃料电池应急备用电源已实现成熟商业化应用，规模达到万套级，国内电信领域累计实现超 300 台燃料电池应急备用电源产品应用。

（二）CCUS 技术发展情况

1. CCUS 技术简介

CCUS 是指将二氧化碳从工业排放源中分离后直接加以利用或封存，以实现二氧化碳减排的工业过程。其中，用于收集和提纯生产过程中排放二氧化碳的技术，称为碳捕集（CC）；通过各种方法将提纯后二氧化碳输送到适宜的地点注入地下封存，使二氧化碳与大气隔离，从而达到减缓温室效应的效果，称为碳封存（CS）；将捕集或封存的二氧化碳用于商业化开发，称为碳利用（CU）。

CCUS 技术是实现碳中和的重要技术，是未来大规模减少二氧化碳排放、构建生态文明和实现可持续发展的重要手段。我国已将 CCUS 技术纳入战略性新兴技术目录、国家重点研发计划和"科技创新—2030""煤炭清洁高效利用"重大项目等支撑范畴。国际能源署研究报告也指出，要实现 21世纪末全球平均气温比工业化前的水平不超过 2℃的目标，CCUS 技术需发挥 14%的作用。

（1）碳捕集技术

二氧化碳捕集是 CCUS 的第一步，捕集技术通常分为燃烧前捕集技术、燃烧后捕集技术、富氧燃烧技术（见表3）以及其他新兴碳捕集技术等。

表3 二氧化碳捕集技术

捕集技术	使用电厂	优势	劣势	成本（元/吨）	我国技术发展阶段
燃烧前捕集	IGCC电厂	能耗、投资相对燃烧后低	只能与IGCC电厂匹配	250~430	研究
燃烧后捕集	火电厂	与现有电厂匹配性好	投资、能耗大	300~450	研究和中小规模示范
富氧燃烧	火电厂	产生二氧化碳浓度高	氧气提纯能耗大、投资高	300~400	研究和小规模示范

数据来源：陆诗建编著：《碳捕集、利用与封存技术》，中国石化出版社，2020。

燃烧前捕集主要运用于整体煤气化联合循环（IGCC）系统中，将煤高压富氧气化变成煤气，再经过水煤气变换后产生二氧化碳和氢气，气体压力和二氧化碳浓度都很高，将很容易对二氧化碳进行捕集。该技术的捕集系统能耗低，在效率以及对污染物的控制方面有很大潜力，受到广泛关注。然而，IGCC发电技术面临投资成本高、可靠性有待提高的问题。

燃烧后捕集是在排放烟气中捕集二氧化碳的技术。常用的二氧化碳分离技术有化学吸收法、物理吸收法、物理化学吸收法、吸附法等。燃烧后捕集法理论上适用于任何一种火力发电厂，国内外烟气二氧化碳捕集工程主要为燃烧后捕集。该捕集技术因为普通烟气压力小、体积大、二氧化碳浓度低、氮气含量大等原因，捕集系统庞大，投资和能耗均较大。

富氧燃烧采用传统燃煤电站的技术流程，但通过制氧技术将空气中大比例的氮气脱除，直接用高浓度的氧气与抽回的部分烟气混合来替代空气，以得到烟气中高浓度二氧化碳，可以直接处理和封存。该技术中制氧环节的投资和能耗很高。

其他新兴二氧化碳捕集分离技术有化学链燃烧技术、直接碳燃料电池技术、盐渍土吸收技术等。

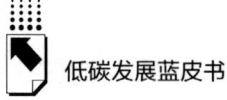

（2）碳利用技术

截至 2020 年底，处于商业应用和工业试验的二氧化碳利用技术有二氧化碳化工利用技术、二氧化碳驱油技术、二氧化碳微藻生物制油技术等。

二氧化碳化工利用技术指在特定催化剂和反应条件下，二氧化碳与相关物质反应，生产化工原料产品，进而创造经济价值。截至 2020 年底，二氧化碳化工利用技术已初具规模，全球每年约有 1.4 亿吨二氧化碳用于生产 2 亿吨尿素。

二氧化碳驱油技术是把二氧化碳注入油层中以提高油田采收率的技术，主要为混相驱。混相驱是指原油中轻烃被二氧化碳萃取或气化，使得表面张力降低，进而提高原油采收率。

二氧化碳微藻生物制油技术是指利用微藻光合作用，将二氧化碳转化为微藻自身生物质从而固定碳元素，再通过诱导反应使微藻自身碳物质转化为油脂，然后利用物理或化学方法把微藻细胞内的油脂转化到细胞外，进行提炼加工，从而生产生物柴油。根据测算，每吨微藻可吸收 1.83 吨二氧化碳。

（3）碳封存技术

二氧化碳封存是指将大型排放源产生的二氧化碳捕集、压缩后运输到选定地点长期封存，包括地质封存、海洋封存、矿石碳化等。

地质封存是直接将二氧化碳注入地下的地质构造中，如油田、天然气储层、含盐地层、不可采煤层等。地质封存是最有发展潜力的一种方案，根据估算，全球地质封存二氧化碳量至少可以达到 2 万亿吨。

海洋封存主要有两种方案，一种是通过船或者管道将二氧化碳输送到封存地点，并注入 1000 米以下的海水中，使其自然溶解；另一种是将二氧化碳注入 3000 米以下的海水中，由于液态二氧化碳密度大于海水，因此会在海底形成固态二氧化碳水化物或液态的二氧化碳"湖"，从而延缓二氧化碳分解到环境中的时间。海洋封存注入越深，保留的数量越多、时间越长，理论上海洋封存潜力是无限的，但实际取决于海洋与大气的平衡状态，同时也取决于海洋封存可能导致海水酸化、生态系统不可逆损害等

风险情况。

矿石碳化是利用二氧化碳与金属氧化物发生反应生成稳定的碳酸盐，从而将二氧化碳永久性固化起来。这些金属氧化物如氧化镁（MgO）、氧化钙（CaO）等一般存在于天然形成的硅酸盐中，与二氧化碳反应产生碳酸镁（$MgCO_3$）、碳酸钙（$CaCO_3$）等。该技术需要的硅酸盐储量有限，同时需要对矿物做增强处理、耗能巨大。

2. CCUS 技术发展与应用情况

（1）总体情况

国际 CCUS 技术已逐步实现商业化。国际上先后开展了众多 CCUS 示范项目，2020 年全球 CCUS 市场规模达到了 16 亿美元。美国、瑞士、加拿大等国已经出现碳捕集工厂，将捕集到的二氧化碳卖给一些能源公司，从中获取不菲的碳价值。国际上 CCUS 典型项目有挪威 Sleipner 项目、德国黑泵电厂项目等。挪威 Sleipner 项目开始于 1996 年，是世界上首个将二氧化碳封存在地下咸水层的商业实例，该项目每年可封存 100 万吨二氧化碳。德国黑泵电厂项目是世界上首个能捕集和封存自身产生的二氧化碳的燃煤电厂，电厂装机容量为 30 兆瓦。截至 2020 年，全球共有近 65 个商业 CCUS 项目，其中在运行的有 26 个，每年可捕集和封存 4000 万吨二氧化碳。

我国 CCUS 技术处于工程示范阶段。近年来，我国积极开展 CCUS 技术研发与示范，2007 年投运的中石油吉林油田二氧化碳强化采油（CO_2 – EOR）研究与示范项目是我国首个 CCUS 试验工程，采用燃烧前捕集，通过 CO_2 – EOR 驱油技术提升采油率的同时进行二氧化碳地质封存，其中二氧化碳运输管道 50 公里，年捕集和封存 20 万吨二氧化碳。截至 2019 年，全国至少有 18 个捕集项目在运行，二氧化碳捕集量约 170 万吨；12 个地质利用项目在运行，地质利用量约 100 万吨；8 个化工利用项目在运行，化工利用量约 25 万吨；4 个生物利用项目在运行，生物利用量约 6 万吨。我国主要 CCUS 示范项目如表 4 所示。

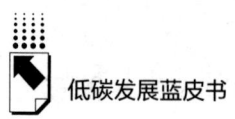

表 4 我国主要 CCUS 示范项目

序号	项目名称	投运年份	属地	捕集/封存技术	最终处置	产能（万吨/年）	2019年状态
1	中石油吉林油田 CO_2 - EOR 研究与示范项目	2007	吉林	燃烧前EOR	EOR	20	运行中
2	中科金龙 CO_2 化工利用项目	2007	江苏	酒精厂 CO_2	化工利用	1	运行中
3	华能集团北京高碑店电厂碳捕集试验项目	2008	北京	燃烧后	食品利用	0.3	运行中
4	中海油 CO_2 制可降解塑料项目	2009	海南	天然气分离	化工利用	0.21	运行中
5	华能集团上海石洞口电厂碳捕集示范项目	2009	上海	燃烧后	工业与食品利用	12	运行中
6	中石化胜利油田 CO_2 捕集与 EOR 示范	2010	山东	燃烧后EOR	EOR	4	运行中
7	中联煤层气公司 CO_2 - ECBM 项目	2010	—	外购气ECBM	ECBM（强化采煤）	0.1	运行中
8	中电投重庆双槐电厂碳捕集示范项目	2010	四川	燃烧后	用于焊接保护、电厂发电机氢冷置换等	1	运行中
9	新奥微藻固碳生物能源示范项目	2010	内蒙古	煤化工尾气	生物利用	2	一期投产
10	连云港清洁煤能源动力系统研究设施项目	2011	江苏	燃烧前	食品/工业利用	3	运行中
11	神华集团煤制油碳捕集和封存示范项目	2011	内蒙古	燃烧前咸水层封存	咸水层封存	10	封存30万吨,监测中
12	华中科技大学 35 兆瓦富氧燃烧技术研究与示范项目	2011	湖北	富氧燃烧	工业应用	10	运行中
13	国电集团天津北塘热电厂二氧化碳捕集和利用示范工程	2012	天津	燃烧后	食品应用	2	运行中
14	延长石油陕北煤化工 CO_2 捕集与 EOR 示范项目	2013	陕西	燃烧前EOR	EOR	5	运行中
15	中石化中原油田 CO_2 - EOR 项目	2015	河南	燃烧前EOR	EOR	10	运行中

续表

序号	项目名称	投运年份	属地	捕集/封存技术	最终处置	产能（万吨/年）	2019年状态
16	华能绿色煤电IGCC电厂捕集利用和封存示范项目	2014年捕集装置建成，封存工程延迟	天津	燃烧前EOR及咸水层封存	评估中	10	运行中
17	新疆敦华公司项目	2015	新疆	燃烧后EOR	EOR	6	运行中
18	白马山水泥厂CO_2捕集示范项目	2018	安徽	燃烧后	工业利用	5	运行中
19	华电句容电厂CO_2捕集纯化工程	2019	江苏	燃烧后	工业利用	1	运行中
20	华润海丰电厂CO_2捕集纯化工程	2019	广东	燃烧后海洋封存	海洋封存	2	运行中
21	国华锦界电厂CO_2捕集纯化工程	2021	陕西	燃烧后咸水层封存	咸水层封存	15	调试中

数据来源：根据网络资料统计。

福建省CCUS技术尚处于起步阶段。研究方面，福建省科研院所正积极开展CCUS相关技术研究，如厦门大学研究构建了合成气和二氧化碳高选择性转化低碳烯烃、芳香烃、汽柴油等双功能催化体系。项目储备方面，2020年福建龙麟集团"新型干法旋窑二氧化碳碳捕集纯化示范项目"纳入福建省重点建设项目，是福建省内首个CCUS项目，其中项目一期位于龙岩市新罗区龙麟集团3#水泥熟料厂区内，采用"外燃式高温煅烧矿物质旋窑生产技术及装备"，设计年捕集二氧化碳超5万吨，其中食品级液态二氧化碳3.5万吨、食品级固态二氧化碳（干冰）1.84万吨，同时每天附加产生65%纯度的氧化钙用于水泥窑继续生产水泥熟料。

（2）煤电行业CCUS技术发展情况

煤电是我国二氧化碳的最主要排放源，全国煤电装机占比为49.1%，福建省煤电装机占比为44.9%。煤电行业CCUS技术的应用对于实现碳中和目标意义重大，对碳捕集技术在其他行业的推广也具有重要的借鉴意义。

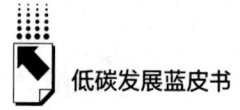
煤电行业 CCUS 技术水平逐步提升。我国煤电行业 CCUS 示范应用已有十余年，碳捕集利用规模逐步扩大。2008 年 6 月，我国首个燃煤电厂二氧化碳捕集装置在华能集团北京高碑店电厂投入运行，采用燃烧后捕集，每年捕集 3000 吨二氧化碳，投运以来二氧化碳吸收率大于 85%，纯度达到 99.99%，运行可靠度和能耗指标处于国际先进水平，项目捕集并用于精制生产的食品级二氧化碳可实现再利用，以供应北京碳酸饮料市场，捕集装置收集二氧化碳电耗 90～95 千瓦时/吨。2019 年 5 月，广东省华润电力海丰电厂碳捕集测试项目正式投产，是亚洲首个基于超超临界燃煤发电机组的碳捕集技术测试平台。2021 年 1 月，国家能源集团国华锦界电厂投运，是我国规模最大的燃煤电厂燃烧后 CCUS 全流程示范工程，每年二氧化碳捕集和封存量为 15 万吨，可实现二氧化碳捕集率大于 90%、二氧化碳浓度大于 99%，整体性能指标达到国际领先水平。

福建省煤电行业 CCUS 技术应用尚未起步。截至 2020 年底，福建省燃煤电厂 47 个，总装机 2862 万千瓦，年二氧化碳排放 1.16 亿吨，平均供电煤耗约 300 克/千瓦时，煤电碳排放强度 838 克/千瓦时，已全部完成超低排放和节能改造，但均未开展 CCUS 相关应用或示范。

（3）资源开采行业 CCUS 技术发展情况

资源开采行业 CCUS 主要是利用二氧化碳进行强化采油、强化采气、驱替煤层气、增强地热、溶浸采铀、强化采水等，其中二氧化碳强化采油技术应用较为广泛。

国际二氧化碳强化采油技术已较为成熟。国际上使用二氧化碳进行强化采油已有几十年的历史，1958 年美国 Premain 盆地首先开展了二氧化碳混相驱油项目，2014 年美国二氧化碳驱油项目总量为 137 个，平均提高采收率 10%～25%，单井日增油量 5 吨，驱油成本 883～1374 元/立方米。

我国二氧化碳强化采油技术仍处于试验阶段。1963 年，我国首先在大庆油田实施小规模的二氧化碳驱油技术研究，但因气源问题没有进一步发展。2003 年以来，中国石化、中国石油先后开展了多个二氧化碳驱油试验项目，取得了较好成效。截至 2020 年底，全国已建设投运包括中石油吉林

油田 $CO_2 - EOR$ 研究与示范项目等共 4 个大型强化采油示范项目。

（4）化工行业 CCUS 技术发展情况

化工行业 CCUS 生产原料产品包括尿素、碳酸氢铵、甲烷、甲醇等。其中，尿素生产是二氧化碳在化工行业中应用规模最大的领域，已达到商业化水平。阿联酋鲁韦斯化肥工业公司从天然气重整装置的烟道气中捕集二氧化碳，捕集量为每天 400 吨，减少二氧化碳排放每年 10 万吨。我国四川泸州天然气化工厂采用 Fluor 公司先进的碳捕集工艺，处理来自氨气重整单元的废气，每天捕集二氧化碳 160 吨，作为尿素生产的补充原料。

（三）其他前沿技术发展情况

为实现碳达峰、碳中和目标，需要在能源生产、传输、消费等多个环节减少碳排放，储能、电动汽车和多能互补作为能源行业的新兴技术，将发挥重要的作用。

1. 储能技术发展情况

（1）储能技术简介

储能一般指电能的储存，包括机械储能、电磁储能、电化学储能、相变储能、氢储能等。机械储能主要有抽水蓄能、压缩空气储能、飞轮储能等，电磁储能包括超导磁储能和超级电容器储能等，电化学储能主要有铅蓄电池、钠硫电池、液流电池和锂离子电池储能等，相变储能包括冰蓄冷储能、热电相变蓄热储能等，氢储能是将多余的电力制氢存储。适合大规模应用的储能技术主要是抽水蓄能、压缩空气储能、电化学储能、氢储能。其中，抽水蓄能技术相对成熟，电化学储能处于推广应用阶段，压缩空气储能处于初期研究与试验示范阶段，氢储能尚未真正起步。本部分重点介绍电化学储能和压缩空气储能等新型储能技术的发展和应用情况。

（2）电化学储能技术发展与应用情况

电化学储能电池性能快速提升。锂离子电池技术发展最快，系统成本优势渐显（1000 ~ 1500 元/千瓦时），具有能量密度高（150 ~ 240 瓦时/千克）、能量效率高（90% ~ 95%）等优点，应用范围已从小型移动设备逐步发展到大规模电池储能。全钒液流电池安全性最好，循环寿命长（＞13000次），但溶液有毒性、不环保、占地大，且成本较高（4500～6000元/千瓦时）。钠硫电池能量密度较高（150～250瓦时/千克），可大电流、高功率放电，但工作温度要在300～350℃，需要加热保温。钠离子电池与锂离子电池原理相似，是新兴的电池技术，总体规模较小且技术不够成熟，相对锂离子来说钠离子资源丰富，未来可能成为锂离子电池的替代产品，宁德时代已于2021年7月推出第一代钠离子电池。主流电池储能技术情况如表5所示。

表5 主流电池储能技术情况

项目	锂离子电池	全钒液流电池	钠硫电池	钠离子电池
系统成本（元/千瓦时）	1000～1500	4500～6000	2000～2500	—
典型工程功率等级（兆瓦）	＜100	＜500	＜100	
持续充放电时间（小时）	＜4	＜4	＜4	
充放电效率（%）	90～95	65～80	65～80	90～95
重量能量密度（瓦时/千克）	150～240	25～50	150～250	120
循环寿命（次）	8000～10000	＞13000	2500～4500	3000
安全性	过热爆炸风险	比较安全	钠泄露风险	钠泄露风险
自放电（%/月）	1.5～2	低	低	—

数据来源：根据网络资料统计。

电化学储能应用已覆盖电力系统各环节。电源侧应用包括提升新能源消纳水平、联合火电参与调频等。山西电网为解决火电机组调频能力不足问题，于2017年投资建设了3个"火电＋储能联合调频"项目，储能容量配置均为9兆瓦/4.5兆瓦时。新疆新华圣树光储联合项目由180兆瓦光伏电站和40兆瓦/80兆瓦时储能组成，可减少80%弃光量。电网侧应用包括调峰调频、提供系统备用、缓解输电通道拥堵等。2020年，福建晋江100兆瓦时级电化学储能试点项目并网运行，采用磷酸铁锂电池，一期建设规模30兆瓦/108兆瓦时，参与电网调频辅助服务。国网时代（福建）储能发展有限公司规划于2021年建成吉瓦级储能项目，解决大规模海上风电接入引起的电网波动、调峰困难等问题，项目拟在宁德霞浦、福州福清、莆田秀屿、漳州漳浦等 4 个海上风电场集中接入地周边建设 4 座储能电站，近期规模 650 兆瓦/1300 兆瓦时，远期规模 1500 兆瓦/3000 兆瓦时。用户侧应用包括削峰填谷、提高供电可靠性等。安溪县移动式锂电池储能电站用于季节性（制茶季）削峰填谷，规模为 0.375 兆瓦/0.875 兆瓦时，通过 380 伏接入配变台区，为我国首台接入配电网末端的移动式锂电池储能装置。南平和意农业储能电站用于客户内部移峰填谷，为用户自建储能项目，规模为 250 千瓦/774 千瓦时，以 380 伏接入厂区配电网。

（3）压缩空气储能技术发展与应用情况

压缩空气储能技术处于研究示范阶段。该技术具有成本低、寿命长（40~50 年）、储能周期不受限制等优点，可应用于大规模可再生能源接入、电网削峰填谷等领域。2019 年 4 月，河北张家口先进压缩空气储能项目开工，规模达到 100 兆瓦/400 兆瓦时，预计 2022 年完工；2019 年 11 月，世界首个 1000 兆瓦级压缩空气储能项目"山东肥城先进压缩空气储能项目"开工，规模达到 1250 兆瓦/7500 兆瓦时。

2. 电动汽车技术发展情况

（1）电动汽车技术简介

电动汽车是指以车载电源为动力，由电动机驱动的汽车。相对于传统燃油车，电动汽车具有结构简单、用能成本低、环境污染小等优势，被认为是汽车未来的发展方向。电动汽车一般分为纯电动汽车、混合动力汽车、燃料电池汽车，纯电动汽车指完全以可充电电池作为动力源的汽车，混合动力汽车指能够从可消耗的燃料和可再充电电池中获得动力的汽车，燃料电池汽车是以燃料电池作为动力源的汽车。

（2）电动汽车发展与应用情况

纯电动汽车产销量加速增长。2020 年，我国新能源汽车产量和销量分别为 136.6 万辆和 136.7 万辆，[1] 分别同比增长 7.5% 和 10.9%。其中，纯电动汽车产销分别完成 110.5 万辆和 111.5 万辆，同比增长 8.3% 和

---

① 数据来源：恒大研究院：《2020 中国新能源汽车发展报告》，2020。

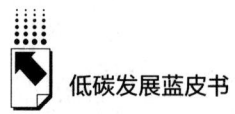

14.7%，占新能源汽车产销比重为80.9%和81.6%；我国纯电动汽车销量约占全球的55.2%。2020年，福建省纯电动汽车累计推广16.1万辆，占全省汽车总量的约1.3%。

充电设施发展持续加快。2015～2020年，我国电动汽车充电桩数量逐年上升，其中公共充电桩由5.8万台上升至80.7万台，私人充电桩由0.8万台上升至87.4万台。2020年，福建省全面建成"三纵八横"高速公路充电网络，基本实现全省县域快速充电网络全覆盖，累计建成充电桩6.2万台，总量位列全国第10，车桩比为2.6：1，优于全国平均水平（全国为3：1）。

核心产品技术水平持续提升。动力电池方面，2020年宁德时代动力电池装车量占全国的50%，福建省内已建、在建产能合计197吉瓦时，规模和电池性能均全球领先，销量连续三年全球第一；厦门钨业锂电池正极材料出货量全国第一、全球第二。驱动电机方面，厦门钨业永磁电机产能10万台，拥有覆盖A00级至C级乘用车、1.5～90吨商用车等驱动电机产品，部分扁铜线电机技术水平全国领先。整车制造方面，上汽宁德生产基地竣工投产，总装车间亚洲最大，产能30万辆，具备"智能装备""智慧供应链""大数据智脑"三位一体的汽车智能制造体系，自动率高达99.8%，智能化水平全国领先。

3. 多能互补技术发展情况

（1）多能互补技术简介

多能互补技术是面向终端用户电、热、冷、气等多种用能需求，因地制宜、统筹开发、互补利用传统能源和新能源，实现多能协同供应和能源综合梯级利用的技术。多能互补当下潜力最大的技术包括热电联产技术、冷热电三联供技术、风光储协同技术等。

（2）多能互补技术发展与应用情况

国际上热电联产、冷热电三联供技术已广泛推广，可再生能源与储能协同调配成为关注热点。热电联产方面，2018年，美国、欧洲热电联产机组发电量占比分别达到19.4%、11%。风光储多能互补方面，美国俄勒冈州波特兰通用电气公司在惠特里奇搭建了美国首个风光储多能互补项目，包含风力发电 300 兆瓦、光伏发电 50 兆瓦和储能系统 30 兆瓦，通过整合可再生能源与储能，为用户提供清洁低碳能源。

我国以可再生能源为核心的多能互补技术快速推广。2017 年，国内首个集风、光、热、储于一体的多能互补、智能调度的纯清洁能源综合利用项目——鲁能海西州多能互补集成优化示范项目成功并网发电，项目总装机容量 700 兆瓦，其中风力发电 400 兆瓦、光伏发电 200 兆瓦、光热发电 50 兆瓦、储能系统 50 兆瓦/100 兆瓦时。2020 年，阿拉善盟与中核汇能、上海电气风电集团签订了"沙漠生态治理 200 万千瓦风光储热多能互补大型综合能源基地项目"，利用光伏项目治沙，通过光热和储能对新能源电力进行调峰。同年，广西贵港市覃塘区与中国电力工程顾问集团签订 200 万千瓦风光储一体化项目，其中风力发电 20 万千瓦、光伏发电 180 万千瓦、储能系统 200 兆瓦/400 兆瓦时。

福建省多能互补技术加快示范应用。湄洲岛已构建光储充一体化多能互补系统，包含 1 兆瓦/2 兆瓦时的磷酸铁锂电池储能电站、商业和居民用光伏 493.4 千瓦、纯电动汽车快充站，全岛电能占终端能源消费的比重高达 85%。宁德霞浦西洋岛微电网示范项目已开工建设，计划建成包含风力发电 6 兆瓦、光伏发电 20.7 千瓦、储能蓄电池 1 兆瓦/2 兆瓦时的风光储多能互补示范项目。

二　福建省低碳技术发展趋势

技术迭代和经济成本下降是低碳技术未来重点攻关方向，围绕碳达峰、碳中和发展路径，本部分对近期（2025 年前）、中期（2025～2030 年）、远期（2030～2060 年）低碳关键技术发展进行展望。

（一）清洁能源技术发展预测

1. 风电技术发展预测

（1）近期（2025 年前）

到 2025 年，大型风机设计制造技术进一步成熟，集中式规模化开发是

风电发展的主导模式。同时，随着海上风电逐步成熟，风电供热、风电制氢、风电海水淡化等多样化应用持续发展。预计全国陆上风电、海上风电度电成本约为 0.30 元/千瓦时、0.47 元/千瓦时，福建省风电装机总规模达 1000 万千瓦左右。①

（2）中期（2025~2030 年）

到 2030 年，风机继续呈现大型化发展趋势，超低速风机成熟应用，同时多种新型风机技术加快发展。海上风电单机容量将达到 15~20 兆瓦。福建省风电发展的重心主要在海上风电。预计全国陆上风电、海上风电平均度电成本分别下降至 0.28 元/千瓦时、0.43 元/千瓦时，福建省风电装机容量有望达到 1700 万千瓦。

（3）远期（2030~2060 年）

到 2060 年，随着风电技术进步、规模效应带来的安装和运维成本降低，预计全国陆上风电度电成本将下降到 0.17 元/千瓦时，海上风电度电成本下降至 0.32 元/千瓦时，福建省风电装机将超过 7000 万千瓦。

2. 光伏技术发展预测

（1）近期（2025 年前）

到 2025 年，晶硅和薄膜电池转换效率继续提高，晶硅电池转换效率有望超过 25%，薄膜电池转换效率超过 18.5%，钙钛矿型、叠层等新型电池进入示范阶段。光伏与其他产业融合加速，"光伏＋工业""光伏＋建筑""光伏＋交通""光伏＋农业""光伏＋通信""海上光伏＋渔业"等多种利用方式加快发展。预计光伏发电度电成本为 0.15~0.31 元/千瓦时，经济性超过陆上风电。2021 年福建省发改委印发《关于因地制宜开展集中式光伏试点工作的通知》，明确将近海养殖渔光互补光伏、工业园区成片屋顶光伏、污水垃圾处理厂光伏、已完成生态修复的废弃矿区光伏、粮库屋顶光伏作为优选项目，预计未来屋顶式光伏和近海海域光伏是发展重点，到 2025 年福建省光伏装机有望达到 900 万千瓦。

---

① 福建省清洁能源技术发展趋势数据为笔者测算。

（2）中期（2025～2030年）

到2030年，晶硅和薄膜电池转换效率进一步提高，晶硅电池转换效率有望超过26%，薄膜电池转换效率超过20%，钙钛矿型、叠层等新型电池进入商业应用初期。预计光伏发电度电成本为0.14～0.29元/千瓦时，福建省工商业分布式光伏、户用光伏广泛布局。

（3）远期（2030～2060年）

到2060年，光伏技术全面商业化应用，晶硅电池转换效率接近极限，薄膜电池转换效率超过23%，钙钛矿型、叠层等新型电池进入大规模商业应用阶段。预计光伏发电度电成本下降至0.09～0.18元/千瓦时，光伏将成为继风电、核电后福建省装机规模最大的电源。

3. 核电技术发展预测

（1）近期（2025年前）

到2025年，第四代核电站技术研发和示范持续推进，小型模块化反应堆、高温气冷堆、钠冷快堆、核能制氢等加快研究与推广，铀资源利用率和电站运行安全性进一步提高。福建福清玉融核电、宁德霞浦核电快堆、漳州云霄核电或将扩建新建，全省核电装机规模有望达到1403万千瓦。

（2）中期（2025～2030年）

到2030年，第四代核电站技术已成熟应用推广，铀资源利用率和电站运行安全性达到较高水平。福建省有序推进核电开发，宁德晴川核电、漳州云霄核电、华能霞浦核电或将扩建新建，福建省核电装机规模有望达到2183万千瓦。

（3）远期（2030～2060年）

到2060年，核电站铀资源利用率达到极限，核电成为清洁能源供应的重要能源之一。福建省将在现有核电厂址内争取新增扩大规模，进一步扩建福清玉融核电、宁德晴川核电、漳州云霄核电、霞浦核电等，福建省核电装机有望达到2723万千瓦。

4. 生物质发电技术发展预测

（1）近期（2025年前）

到2025年，生物质发电的直接燃烧技术仍然是主流技术，气化发电和

沼气发电等技术加快发展，预计福建省完善建立生物质成型燃料生产、储运和适应体系，主要新增以垃圾发电为主的生物质发电，生物质发电装机累计约105万千瓦。

（2）中期（2025~2030年）

到2030年，生物质发电的直接燃烧技术仍然是主流技术，气化发电和沼气发电等关键技术取得重要发展，技术成熟度进一步提高，预计福建省新增生物质发电装机规模将根据城市垃圾处理需求以及碳减排目标等进行规划和配置。

（3）远期（2030~2060年）

到2060年，直接燃烧、气化和沼气发电技术竞相发展，技术成熟度较高，生物质发电装机进一步扩大，有望步入规模化快速发展阶段，同时生物质发电将配套CCUS技术以捕集燃烧排放的二氧化碳进行再利用，实现全寿命周期的净零排放甚至负排放。

5. 氢能技术发展预测

（1）近期（2025年前）

到2025年，制氢环节，预计新能源电制氢平均成本降至22~30元/千克，但电制氢成本仍然较高，制氢仍以化石能源为主。储运氢环节，以可灵活应用的长管拖车和液氢罐车为主，辅以低温液氢。用氢环节，燃料电池主要应用在交通领域。与电动汽车相比，燃料电池汽车在乘用车领域竞争力仍然较弱，但可以发挥高续航、高储能的优势，在长距离运输、高重量承载的物流车、公交车等商用车领域实现推广。福建省将向氢能发展较快省份看齐，加快建立氢能供给体系，优先选择福州等基础条件较好地区开展试点，探索发展风电和光伏电解水制氢，补齐储运氢、加氢站、氢燃料电池系统等氢能产业链发展短板。

（2）中期（2025~2030年）

到2030年，制氢环节，随着质子交换膜等电解水技术逐步实现商业化，预计新能源制氢平均成本有望降至19~23元/千克，电解水将成为制氢主要方式。储运氢环节，氢的储运将由高压气态、液态氢罐为主逐步转变为低成

本管道运输。用氢环节，逐步实现燃料电池在船舶等非道路交通领域的应用。预计福建省氢能基础设施已有一定基础，福州市等将成为省内氢能发展与应用的创新高地，燃料电池汽车产业制造规模化发展，加氢站基础设施在沿海发达地区开始广泛布局。

（3）远期（2030～2060年）

到2060年，制氢环节，可再生能源发电制氢将成为主要制氢方式，预计新能源制氢平均成本有望降至6～10元/千克。储运氢环节，氢的储运将基本采用管道运输。用氢环节，燃料电池汽车将从商用车领域延伸至乘用车领域，与纯电动汽车长期共存、互为补充。预计福建省制氢主要采用风电、光伏等清洁能源，加氢站广泛布局，氢能在交通、发电、电网运行等领域广泛应用。

（二）CCUS技术发展预测

1. 近期（2025年前）

到2025年，全国将建成多个基于现有CCUS技术的示范项目并具备工程化能力；第一代碳捕集技术的成本及能耗较2020年降低10%以上；突破陆上管道安全运行保障技术，建成百万吨级输送能力的陆上输送管道；部分现有碳利用技术的利用效率显著提升，并实现规模化运行。预计全国CCUS产值将达到390亿元，二氧化碳捕集量约2000万吨/年；福建省将加快CCUS技术发展布局，在煤电领域开展示范应用，二氧化碳捕集量预计可达到5万吨/年。

2. 中期（2025～2030年）

到2030年，全国现有CCUS技术开始进入商业应用阶段并具备产业化能力；第一代碳捕集技术的成本与能耗较2020年降低10%～15%；第二代碳捕集技术的成本与第一代技术接近，能耗低于第一代技术；突破大型二氧化碳增压（装备）技术，建成具有单管200万吨级输送能力的陆上长输管道；现有碳利用技术具备产业化能力，并实现商业化运行。预计全国CCUS产值将突破1000亿元，二氧化碳捕集量约5000万吨/年；福建省CCUS在煤电领域示范应用将进一步扩大，二氧化碳捕集量约为

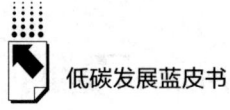

50 万吨/年。

3. 远期（2030 ~ 2060 年）

到 2060 年，CCUS 系统集成与风险管控技术得到突破，第二代碳捕集技术成本及能耗比第一代降低 40% ~ 50%，CCUS 综合成本大幅降低，并在各行业实现广泛商业应用，CCUS 产业具有较为完整的产业链。在技术进步和成本降低的带动下，CCUS 产业将迎来井喷式发展，预计全国 CCUS 产值将接近 7000 亿元，二氧化碳封存量突破 10 亿吨/年；福建省 CCUS 技术广泛布局，所有煤电厂均配备 CCUS 设备，捕集能力超过捕集需求。

（三）其他前沿技术发展预测

1. 储能技术发展预测

（1）近期（2025 年前）

到 2025 年，电力系统储能仍以抽水蓄能为主，新型储能应用以锂离子电池、液流电池为主，钠离子电池开始生产和应用。铁锂电池原材料市场供应充足且技术进步空间尚存，四小时锂离子电池系统成本有望降为 1350 元/千瓦时。预计福建省抽水蓄能容量为 500 万千瓦，新型储能容量超 10 万千瓦。

（2）中期（2025 ~ 2030 年）

到 2030 年，电化学储能成本将达到抽水蓄能水平，可实现系统级调峰等应用，四小时锂离子电池系统成本为 1200 元/千瓦时，钠离子电池发展技术逐步成熟，在储能领域应用加大推广和普及，预计福建省新型储能容量有望超 110 万千瓦。

（3）远期（2030 ~ 2060 年）

到 2060 年，将开发出具备高安全性、长寿命、低成本特征的新一代储能技术，实现储能技术的重大突破，抽水蓄能、电化学储能、氢储能将成为大规模储能系统的主体。

2. 电动汽车技术发展预测

（1）近期（2025 年前）

到 2025 年，预计福建省内新能源汽车产能达到 80 万辆，新能源汽车全产

业链产值突破 3000 亿元，充电桩方面满足 80 万辆新能源汽车标准车的充电需求。

（2）中期（2025～2030 年）

到 2030 年，新能源汽车部分核心技术达到国际先进水平，质量品牌具备国际竞争力，纯电动汽车成为新销售车辆的主流，燃料电池汽车逐步走向商业化，充换电服务网络便捷高效，氢燃料供给体系建设持续推进。预计福建省新能源汽车推广总量达到 150 万辆，仍以电动汽车为主。

（3）远期（2030～2060 年）

到 2060 年，预计福建省已全面禁售传统燃油车，燃料电池汽车实现商业化应用，高度自动驾驶汽车实现规模化应用，充换电服务网络便捷高效，氢燃料供给体系基本健全完善，新能源车普及率接近 100%。

3. 多能互补技术发展预测

（1）近期（2025 年前）

到 2025 年，电、气、冷、热多种能源系统之间的耦合程度仍然较低，主要是在各能源系统的末端实现点状耦合，多能互补仍然以单体建筑或者园区级终端能源系统为主，可实现小范围内源网荷储互动。

（2）中期（2025～2030 年）

到 2030 年，随着体制机制壁垒的破除、技术进步，多种能源系统将在源网荷储多环节实现深度耦合，功能范围进一步拓展到城市配电、配气、配热等城市级综合能源系统，内部源网荷储互动范围扩大、元素增多。

（3）远期（2030～2060 年）

到 2060 年，多能互补系统将通过氢气、电能等能源连接工业、建筑、交通等行业，实现行业耦合；城市多能互补系统之间、城市多能互补系统与大型能源基地之间可以通过能源主干网络互联，形成多层级跨区互联；源网荷储各环节壁垒完全破除，源端大型能源生产基地、能源主干网络、大型储能、园区和城市级综合能源系统可以实现高度协同。

三 福建省低碳技术发展对策建议

（一）评估和勘测清洁能源开发潜力

实现碳达峰、碳中和要求福建省未来能源体系要以风电、光伏、核电为一次能源的主要供给，这需要科学、准确评估福建省清洁能源的开发潜力。截至 2021 年 6 月，福建省陆上风电资源和近海风电资源已经较为明确，但资源较好的深远海海上风电的可开发规模仍然需要进一步勘测评估；光伏发电需要统筹考虑近海光伏发电以及"光伏＋"的综合开发潜力。与此同时，氢能作为未来与清洁电力互为补充的二次能源，福建省需要科学评估省内氢能需求、氢能发展潜力，测算风电等清洁能源制氢能力和发展前景。

（二）研究储能、氢能等低碳技术应用的商业模式

截至 2020 年，储能、氢能成本仍然较高，需要研究制定相关的成本疏导模式、加大财政支持，同时需要加快储能、氢能低碳技术应用的商业模式研究。结合福建省能源资源禀赋，大力发展"光伏＋储能""风电＋储能""光伏＋氢能""风电＋氢能""核电＋氢能"等新能源与储能、氢能一体化发展的商业模式，探索共享储能、储能参与调峰调频辅助服务市场、电制氢参与电网需求响应等商业模式，为低碳技术发展提供盈利模式和成本疏导机制，保障低碳技术健康、有序、持久发展。

（三）启动和布局低碳技术示范工程

福建省风电、核电、储能等低碳技术具有明显优势，但是 CCUS、氢能等低碳技术研究与应用水平仍然落后于全国，因此需要结合低碳技术发展趋势及自身条件，优先建设全球领先的大型海上风电示范工程、第四代核电技术示范工程、大型储能电站及应用示范工程，同时建议超前谋划布局 CCUS 在水泥、燃煤电厂、生物质发电领域的示范应用工程，谋划建设适应未来氢

能发展的海上风电电解水制氢示范工程、氢燃料电池应用示范工程等。进而，依托示范工程推动福建省低碳技术加快发展，并将技术优势逐步转化为产业优势和经济发展优势。

参考文献

本书编著组编著：《中国能源发展报告（2021）》，浙江人民出版社，2021。

董扬主编、国联汽车动力电池研究院有限责任公司组编：《中国汽车动力电池及氢燃料电池产业发展年度报告（2019～2020年）》，机械工业出版社，2020。

樊静丽、张贤等：《中国燃煤电厂CCUS项目投资决策与发展潜力研究》，科学出版社，2020。

华电电力科学研究院有限公司组编：《多能互补分布式能源技术》，中国电力出版社，2020。

华志刚主编《储能关键技术及商业运营模式》，中国电力出版社，2019。

蒋东方、贾跃龙、鲁强等：《氢能在综合能源系统中的应用前景》，《中国电力》2020年第5期。

科学技术部社会发展科技司、中国21世纪议程管理中心编著：《中国碳捕集利用与封存技术发展路线图（2019）》，科学出版社，2019。

刘坚、钟财富：《我国氢能发展现状与前景展望》，《中国能源》2019年第2期。

陆诗建编著：《碳捕集、利用与封存技术》，中国石化出版社，2020。

米剑锋、马晓芳：《中国CCUS技术发展趋势分析》，《中国电机工程学报》2019年第9期。

汪航、李小春：《CCUS项目成本核算方法与融资》，科学出版社，2018。

中国电力企业联合会：《中国电气化发展报告（2019）》，2020。

中国电力企业联合会电力统计与数据中心：《二〇一九年电力工业资料统计汇编》，2020。

中国能源研究会储能专委会、中关村储能产业技术联盟编著：《储能产业发展蓝皮书》，中国石化出版社，2019。

B.6
2021年福建省控碳减碳政策分析报告

郑 楠 李源非 蔡期塬*

摘 要： 完善顶层设计，充分发挥政策引导作用，是实现碳达峰、碳中和目标的重要保障。近年来，福建省出台相关政策文件提出了全省及重点领域的碳排放控制目标，为碳达峰、碳中和工作奠定了基础；明确大力发展低碳产业及新兴产业，并加大对高耗能产业的能效管控力度，有效促进了产业结构的低碳化转型；加快探索低碳发展市场机制，以市场化手段促进控碳减碳；积极推广节能减排技术研发利用，探索开展低碳城（镇）试点，持续推进控碳减碳工作。下阶段，福建省或将进一步收紧控碳减碳目标，同时加快形成凝聚政府和市场合力的控碳减碳政策体系，推动政策规制推动力、灵活调控拉动力、社会参与行动力共同发力，为福建省如期实现碳达峰、碳中和目标提供政策保障。

关键词： 碳达峰 碳中和 能效管控 控碳减碳

福建生态环境建设起步早、力度大，为控碳减碳工作打下了坚实的基础。2000年，福建省时任省长习近平极具前瞻性地提出建设生态省的总体

---

* 郑楠，工学硕士，国网福建省电力有限公司经济技术研究院，主要研究领域为能源战略与政策；李源非，管理学硕士，国网福建省电力有限公司经济技术研究院，主要研究领域为能源经济、能源战略与政策；蔡期塬，工学硕士，国网福建省电力有限公司经济技术研究院，主要研究领域为能源战略与政策、改革发展。

构想，亲自指导编制和推动实施《福建生态省建设总体规划纲要》（于2004年印发）。2014年4月，国务院发布《关于支持福建省深入实施生态省战略加快生态文明先行示范区建设的若干意见》，标志着福建生态省建设由地方决策上升为国家战略，步入创建全国生态文明先行示范区的新阶段。"十三五"以来，福建省持续深化供给侧结构性改革、加快生态文明先行示范区建设，控碳减碳相关顶层设计逐步完善，为后续碳达峰、碳中和创造良好的政策环境。

一　福建省控碳减碳政策现状

（一）明确控碳减碳量化刚性目标

明确量化刚性目标能够为控碳减碳后续工作提供导向和依据。"十三五"以来，福建省控碳减碳指标逐步趋严趋细。《福建省"十三五"控制温室气体排放工作方案》明确要求"十三五"期间全省总体碳排放强度下降19.5%；大型发电企业单位供电碳排放控制在550克/千瓦时以内（见表1）。其中，碳排放强度降幅目标较"十二五"期间增加2个百分点，发电碳排放控制目标为福建省首次提出。表明全省控碳减碳目标的设定除对已有指标逐步加码外，还逐步针对碳排放的重点领域、重点区域新增更多细化指标，为全省碳达峰、碳中和工作提供更全面的引导和更细致的约束。

表1　"十三五"以来福建省控碳减碳刚性目标主要政策

发布时间	政策名称	主要相关内容
2016年6月	《福建省"十三五"综合交通运输发展专项规划》	"十三五"期间，全省交通运输业二氧化碳排放强度比2015年下降7%。
2017年1月	《福建省"十三五"控制温室气体排放工作方案》	（1）2020年，全省碳排放强度比2015年下降19.5%。 （2）分类确定"十三五"期间九地市及平潭综合试验区的碳排放强度指标。 （3）2020年，大型发电企业单位供电二氧化碳排放控制在550克/千瓦时以内。

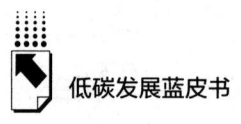

续表

发布时间	政策名称	主要相关内容
2020 年 10 月	《关于印发三明市、南平市省级绿色金融改革试验区工作方案的通知》	"十四五"期间,三明市、南平市二氧化碳排放量降幅超过全省和全国平均水平。

(二)推进产业和能源结构低碳化转型

产业结构优化和低碳能源体系建设是控制碳排放的重要抓手。"十三五"以来福建省在多项产业发展规划中布局产业结构和能源结构的低碳化转型。如《福建省"十三五"控制温室气体排放工作方案》明确全力推进产业转型升级,控制工业领域排放,大力发展低碳产业;打造低碳能源体系,到 2020 年煤炭占一次能源消费的比重下降到 41.2%,非化石能源消费占比提高到 21.6%,清洁能源占比提高到 28.3%,形成以低碳能源满足新增能源需求的发展格局。《福建省"十三五"生态省建设专项规划》明确大力发展绿色低碳产业,加快高效电动机、半导体照明、电动汽车、大气治理技术装备等产业发展(见表 2)。整体来看,福建省通过规划和政策手段引导传统产业低碳发展、新兴产业加速培育和能源结构持续优化,将成为助力碳达峰、碳中和的关键举措。

表 2 "十三五"以来福建省推进产业结构和能源低碳转型主要政策

发布时间	政策名称	主要相关内容
2016 年 4 月	《福建省"十三五"生态省建设专项规划》	加快发展节能环保产业,推动高效电动机、半导体照明、电动汽车、大气治理技术装备、污水处理技术装备及节能和环保服务产业发展;有序发展风能、抽水蓄能、太阳能、地热能、生物质能;积极发展低碳产业和产品,开展低碳产品认证、标识试点,优先推广低碳空调、冰箱、节能等产品。
2017 年 1 月	《福建省"十三五"控制温室气体排放工作方案》	加快产业结构调整,2020 年战略新兴产业增长值占地区生产总值的比重为 15%,大力发展现代服务业;明确打造低碳能源体系,加强煤炭清洁高效利用,加强天然气基础设施建设。

续表

发布时间	政策名称	主要相关内容
2017 年 8 月	《福建省"十三五"节能减排综合工作方案》	鼓励企业瞄准国际同行业标杆开展改造升级；推动高耗能行业中环保不达标的企业和产能有序退出；加快信息技术、高端装备等战略性新兴产业发展；加强煤炭清洁高效利用，明确优化电源布局。
2018 年 11 月	《福建省打赢蓝天保卫战三年行动计划实施方案》	推进大气重点防控企业优化重组、升级改造，推进工业污染治理升级改造；大力培育绿色环保装备、监测服务等产业；推进天然气利用、电能替代和集中供热。
2019 年 3 月	《关于进一步推进全省能耗总量和强度"双控"工作七条措施的通知》	明确各市产业结构优化转型重点工作；大力发展低碳农业；开展合同能源管理等工程；鼓励企业在清洁能源、生态保护等领域开展国际合作。
2020 年 10 月	《三明市省级绿色金融改革试验区工作方案》	利用绿色金融服务支持三明市高端装备制造、新材料等现代工业产业基地建设；采用贷款贴息、专项基金等方式，支持花卉苗木等 7 个特色现代农业主导产业发展。
2020 年 10 月	《南平市省级绿色金融改革试验区工作方案》	引入金融机构，推动南平轻纺、精细化工等制造业转型升级；通过创新融资、升级改造等方式，推动"两高一剩"行业有序退出。

（三）强化节能降耗管控要求

化石能源使用是最大的碳排放来源，截至 2019 年，福建省能源消费结构中化石能源的占比达到 75.1%，[①] 仍占主导地位，控制能源消费能够直接、显著地控制碳排放增长。"十三五"以来，福建省高度重视全社会能耗管理。如发布《福建省"十三五"节能减排综合工作方案》，明确到 2020年，全省万元地区生产总值能耗比 2015 年下降 16%，能源消费总量控制在14500 万吨标准煤以内（见表 3）。同时要求加强重点用能企业节能改造，实施电力、钢铁、水泥、石化、平板玻璃、有色等重点行业全面达标排放治理工程。《关于未完成能耗"双控"指标地区高耗能行业项目缓批限批的实

---

① 《福建统计年鉴（2020）》，福建统计局，http：//tjj. fujian. gov. cn/tongjinianjian/dz2020/ index. htm。

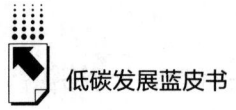

施意见》明确未完成"双控"指标的地区不再新上六大高耗能行业相关项目。《关于进一步推进全省能耗总量和强度"双控"工作七条措施的通知》明确了"双控"的重点领域、重点措施和监督反馈机制。此外,福建省还先后针对钢铁、化工等重点高耗能行业出台了系列节能降耗政策。福建省已形成以能源消费总量和消费强度"双控"为核心、以重点行业和企业精准节能降耗为目标的政策体系。

表3 "十三五"以来福建省强化节能降耗管控要求主要政策

发布时间	政策名称	主要相关内容
2016年1月	《福建省全面实施燃煤电厂超低排放和节能改造工作方案》	对燃煤发电机组实施超低排放改造;对符合超低限制要求的机组给予电价补贴;对按时完成改造目标的机组奖励"三公"发电小时数;实行差别化排污收费。
2017年1月	《福建省"十三五"控制温室气体排放工作方案》	控制电力、钢铁、建材、化工等重点行业碳排放;在能源资源消耗高、污染物排放量大的行业开展煤炭清洁高效利用和电能替代。
2017年8月	《福建省"十三五"节能减排综合工作方案》	到2020年,全省万元地区生产总值能耗比2015年下降16%,能源消费总量控制在14500万吨标准煤以内;提出2020年工业、建筑业、交通运输业、商贸、农业等领域节能目标;开展节能、大气污染物重点减排工程。
2018年11月	《福建省打赢蓝天保卫战三年行动计划实施方案》	严格控制"两高"行业产能,严格执行钢铁、水泥、平板玻璃等行业产能置换;对新建钢铁、火电等项目执行大气污染物特别排放限值,开展建筑陶瓷业污染整治;开展重点行业及燃煤锅炉无组织排放排查。
2018年12月	《福建省大气污染防治条例》	集中供热管网覆盖地区,禁止新建、扩建分散燃煤、燃油供热锅炉,已有燃煤、燃油供热锅炉限期拆除;新建燃煤发电机组应当采用超低排放技术,现有机组限期完成改造。
2019年3月	《关于进一步推进全省能耗总量和强度"双控"工作七条措施的通知》	推进"六大"高耗能行业节能降耗;大力实施绿色制造工程,推进建筑业及交通运输业节能改造。
2019年7月	《福建省钢铁行业超低排放改造实施方案》	明确全省钢铁企业分区域、分生产工序的目标要求;明确企业对现有烧结、球团等设备进行转型升级,对物料存储设施进行改造。
2020年8月	《关于未完成能耗"双控"指标地区高耗能行业项目缓批限批的实施意见》	对未完成能耗"双控"指标地区实施六大高耗能行业项目缓批限批。

（四）探索低碳发展市场机制

低碳市场机制能够充分调动全社会的积极性，以低成本、高效率的方式引导资金、人才等要素向低碳发展领域流动，是法律法规和行政机制的重要补充。福建省低碳市场机制包括碳市场和排污权、绿色金融等新型市场机制。碳市场方面，福建省是全国首批省级碳市场试点之一，2016年，福建省相继印发《福建省碳排放权交易管理暂行办法》《福建省碳排放权交易市场建设实施方案》等多份文件（见表4），完善了全省碳交易市场的总体框架。自2016年碳交易市场启动以来，纳入碳交易市场的行业和用户数量逐年增加，2021年已经涵盖电力、石化、化工、建材、钢铁、有色金属、造纸、民用航空、陶瓷等九个行业共269家用户。除碳市场外，福建省积极探索排污权市场、绿色金融等新型市场机制。如《福建省人民政府关于创新重点领域投融资机制鼓励社会投资的实施意见》提出扩大排污权有偿使用和交易试点范围，探索排污权抵押融资，鼓励社会资本参与污染减排和排污权交易。《三明市省级绿色金融改革试验区工作方案》和《南平市省级绿色金融改革试验区工作方案》明确创新完善绿色金融基础设施和金融政策支撑体系建设。整体来看，福建省在发展低碳市场机制方面已经做出诸多有益探索，未来通过市场手段实现资源优化配置、促进控碳减碳，这些将成为助力福建省实现碳达峰、碳中和目标的重要手段。

表4 "十三五"以来福建省完善低碳市场机制主要政策

发布时间	政策名称	主要相关内容
2016年9月	《福建省碳排放权交易管理暂行办法》	明确碳排放权交易的适用范围、定义和规则；碳交易的管理职责与分工；碳排放配额管理；碳排放权交易机制；碳排放报告、核查与配额清缴；市场主体法律责任等方面。
2016年9月	《福建省碳排放权交易市场建设实施方案》	2016年建立福建省碳排放报告和核查机制、配额管理和分配制度、碳排放权交易运行制度等基础支撑体系；2017年适时扩大交易范围；2020年基本建成覆盖全行业的碳排放权交易市场。

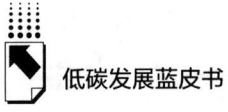

发布时间	政策名称	主要相关内容
2016 年 12 月	《福建省碳排放权交易市场信用信息管理实施细则（试行）》	明确碳排放权交易市场信用等级评价方法；提出对重点排放单位、第三方核查机构、参与市场的法人和其他组织的守信激励及失信惩戒措施。
2016 年 12 月	《福建省碳排放配额管理实施细则（试行）》	明确根据行业特点，排放配额可采用行业基准法、历史强度法或历史总量法等方法计算；省碳交办在碳排放配额总量预留不超过 10%，用于市场调节。
2016 年 12 月	《福建省碳排放权交易市场调节实施细则（试行）》	明确碳排放配额连续 10 个交易日内累计涨幅或跌幅达到一定比例时，通过配额投放、配额回购方式调节供需关系。
2016 年 12 月	《福建省碳排放权抵消管理办法（试行）》	用于抵消的减排总量不得高于当年经确认排放量的 10%；明确可使用的 CCER 及 FFCER 应满足的要求及管理办法。
2016 年 12 月	《关于福建省培育发展环境治理和生态保护市场主体的实施意见》	推行市场化环境治理和生态保护模式；培育环境治理和生态保护市场；通过政府资金引导、税收优惠、价格政策等方式支持社会资本参与生态环保市场。
2017 年 5 月	《关于发挥价格机制作用促进国家生态文明试验区（福建）建设的意见》	对高耗能、高污染行业实行阶梯电价；对满足环保要求的燃煤发电机组实行环保电价加价政策；实行差别化排污费征收政策；实施排污权有偿收费；实施鼓励新能源产业发展的价格政策。
2017 年 12 月	《福建省用能权交易能源消费量审核机构管理办法（试行）》	明确第三方审核机构及审核员资质条件及行为规范；提出第三方审核机构违法违规行为的惩戒机制。
2018 年 1 月	《福建省政府质量奖管理办法》	要求申报企业满足具备科学的环境管理体系、节能指标达到国内先进水平等要求，对获奖企业给予现金奖励。

（五）推广节能低碳技术

节能低碳技术发展是绿色发展的重要动力，也是实现既保经济又控排放的关键要素。"十三五"以来，福建省全方位汇聚省内优质资源，着力打造节能低碳技术高地。如《福建省"十三五"能源发展专项规划》要求加快能源装备产业发展，鼓励企业强化自主研发和核心技术攻关，推动智能电网、储能设施、可再生能源发电机组等产业做大做强（见表5）。明确积极

推广使用低碳技术，通过科技创新，最大限度地减少和控制能源生产、使用全过程中的碳排放。《福建省"十三五"数字福建专项规划》要求推动信息技术与环境资源利用技术融合应用，突出抓好工业、建筑业、交通运输业和公共机构等重点领域节能。总体来看，现阶段福建省节能低碳技术发展主要围绕新能源技术和节能技术两大关键点，而对碳捕集等新型低碳技术的研发和推广尚处于技术攻关、产业链培育阶段。

表5 "十三五"以来福建省推广节能低碳技术主要政策

发布时间	政策名称	主要相关内容
2016年4月	《福建省"十三五"生态省建设专项规划》	加快高效电动机、半导体照明产业、电动汽车、大气治理技术装备等产业发展。
2016年5月	《福建省"十三五"数字福建专项规划》	推动信息技术与环境资源利用技术融合应用，抓好工业、建筑业、交通运输业和公共机构等重点领域节能，加强能源利用和污染排放实时监控和精细管理。
2016年10月	《福建省"十三五"能源发展专项规划》	加快风电、核电等能源装备产业发展，发展智能电网、储能设施、可再生能源发电机组等产业。
2017年1月	《福建省"十三五"控制温室气体排放工作方案》	发展交通燃油替代，发展工业海洋微生物等生物质能技术开发利用。
2018年11月	《福建省打赢蓝天保卫战三年行动计划实施方案》	开展钢铁等行业超低排放改造、污染排放源头控制、货物运输多式联运、内燃机及锅炉清洁燃烧等技术研究。
2020年2月	《关于实施工业（产业）园区标准化建设推动制造业高质量发展的指导意见》	推动海洋高新、新能源汽车、高效太阳能电池等新型战略产业发展。

（六）统筹布局多类型低碳试点

低碳试点是探索控碳减碳机制、培育新产品和新技术的"桥头堡"和"试验田"。"十三五"以来，福建省积极规划并开展各类低碳试点，实现先行先试。如《福建省"十三五"能源发展专项规划》明确推进厦门、南平国家低碳城市，三明生态新城国家低碳城（镇）试点，实施近零碳排放区示范工程（见表6）。《三明市省级绿色金融改革试验区工作方案》提出将三明市打造为全国第一个净零碳排放城市的目标。《2021年福建省政府工作报告》明确支持厦门、南平等地率先达峰，推进低碳城市、低碳园区、低碳社区试点。各类低碳试点的逐步培育，有助于福建省积累控碳减碳工作经验，为在全省乃至全国推广奠定基础，成为碳达峰、碳中和目标的重要助力。

表6 "十三五"以来福建省规划低碳试点主要政策

发布时间	政策名称	主要相关内容
2016年10月	《福建省"十三五"能源发展专项规划》	支持福州、厦门、泉州中心城区实施近零碳排放区示范工程；推进厦门、南平国家低碳城市、三明生态新城国家低碳城（镇）试点及低碳工业园区、社区试点建设。
2020年10月	《三明市省级绿色金融改革试验区工作方案》	要将三明建设成全国第一个净零碳排放城市。
2021年1月	《2021年福建省政府工作报告》	支持厦门、南平等地率先达峰，推进低碳城市、低碳园区、低碳社区试点。

二 福建省控碳减碳发展趋势分析

总结福建省出台的政策，下阶段福建省控碳减碳政策演进将呈现以下趋势。

（一）控碳目标更严格

福建省从"十一五"以来就开始对二氧化碳等温室气体排放进行管控，主要是面向各地市的、以五年为周期的中长期目标；从完成情况看，"十一五"以来各地市均能不同程度地超额完成目标。下阶段，为实现碳达峰、碳中和目标，控碳目标将更为细致严格。一方面，除了对全省和各地市提出以五年为周期的控碳目标外，或将提出分行业、分年度考核目标，并对高能耗、高排放重点单位开展点对点跟踪监管。另一方面，控碳目标的具体设置或将显著加码，配套考核机制也将更为严格，以倒逼各地区、各行业加强内部挖潜，实现控碳减碳。

（二）政策手段更多样

现阶段，福建省控碳减碳的政策主体以政府为主，主要手段包括出台规划方案、明确任务目标、配套考核惩戒机制等，排污权交易、碳交易、碳金融等各类市场手段仍然在探索和试错阶段，市场引导资源优化配置的作用仍有待提升。未来，全国碳交易市场的建立、各类能源及其衍生品交易市场机制的不断完善，将弥补控碳减碳政策缺少市场手段的短板。下阶段通过市场机制控碳减碳或将围绕两大重点：一是通过交易成本倒逼高耗能企业加大对节能技术的投资和使用，推动企业技术革新和经济结构调整。二是鼓励更多企业投资可再生能源，从而加快全省能源结构低碳化转型，同时提升福建省乃至全国可再生能源产业链的整体竞争力。

三 福建省控碳减碳政策建议

（一）强化政策规制推动力，通过管制性政策法规明确控碳减碳的硬约束和硬目标

一是加快碳达峰、碳中和相关建章立制进程，统筹经济、安全和低碳三大目标，研究确定福建省和各地市碳排放总量和强度的控制目标，并按行业、时间等维度进行细化分解，统筹纳入全省和各地的政策法规和行业规范；在已有政策法规修订过程中，强化低碳甚至零碳发展理念。二是坚持系统观，加强宏观顶层设计，将落实碳达峰、碳中和的要求全面融入国民经济与社会发展规划制定、执行、评估的各个环节，统筹融合低碳发展与经济体系优化升级、能源系统清洁低碳转型与安全高效发展等相关工作，实现低碳、经济、安全三大目标的有机结合与协同共进。

（二）释放灵活调控拉动力，用好政府与市场"两只手"加快控碳减碳要素培育

实现碳达峰、碳中和目标需要进行广泛而深刻的产业转型升级和绿色技

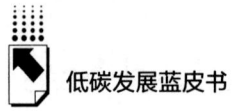
术革命，需要政策调控与市场调节协同发力。一是充分发挥宏观调控政策对低碳发展的引领作用，探索构建税收浮动、财政补贴、生态补偿等调控机制，支持低碳产业和相关技术发展壮大。二是激活市场调节机制对低碳发展的刺激作用，加快完善绿色投资、碳排放交易、绿色信贷等市场化机制，引导资本、人才等资源要素自发向低碳发展相关领域汇聚。

（三）培育社会参与行动力，引导全社会积极参与低碳发展的社会治理进程

通过信息公开、听证、增加产品碳标签、政策宣讲等多种渠道，普及低碳知识和政策，提高全民低碳意识，倡导低碳生产和生活方式。建立企业、公众、家庭广泛参与应对气候变化的行动机制，构建公众和民间环保组织参与低碳治理的制度和平台，发挥媒体监督作用，在全社会形成低碳发展的氛围。

参考文献

陈昊、曹奇：《中国节能减排政策研究》，《时代金融》2016 年第 17 期。

关寅明、黄建华、肖阳馨等：《新经济常态下福建节能减排政策优化研究》，《现代经济信息》2019 年第 1 期。

沈霁华：《我国节能减排政策的演变历程与发展趋势研究》，硕士学位论文，中国石油大学（华东），2014。

翁伯琦、叶菁：《发展绿色农业 振兴绿色乡村》，《海峡通讯》2021 年第 2 期。

翁文静、卢芸芸、李剑刚：《加快推进福建生态气象建设重点问题思考》，《福建热作科技》2020 年第 1 期。

B.7
2021年福建省碳中和分析报告

李源非　郑　楠　项康利*

摘　要： 为研判全省中长期碳排放发展态势，超前部署碳达峰后全省中长期减排措施，本文利用 STIRPAT 模型以及场景分析法，构建基准、加速转型和深度优化三个场景，进一步将全省碳排放轨迹预测延长至2070年。测算表明：从中长期看，福建省碳排放将经历快速下降——降幅趋缓——进入平台三个阶段。在基准、加速转型和深度优化场景下，福建省碳排放预计分别在2060年、2058年和2054年左右进入平台期，排放水平在5000万吨/年左右。进一步考虑中长期除碳能力的发展态势，当仅考虑林木碳汇和 CCUS 技术除碳时，预计在基准、加速转型和深度优化场景下，福建省分别在2063年、2057年和2054年实现碳中和。若进一步考虑海洋碳汇和土壤碳汇，三个场景下福建省实现碳中和的时间将分别提前至2057年、2053年和2049年。可见，下阶段福建省需采取更多除碳增汇措施，同时充分挖掘海洋等领域碳汇资源，确保如期实现碳中和目标。

关键词： 碳中和　碳汇　CCUS

---

* 李源非，管理学硕士，国网福建省电力有限公司经济技术研究院，主要研究领域为能源经济、能源战略与政策；郑楠，工学硕士，国网福建省电力有限公司经济技术研究院，主要研究领域为能源战略与政策；项康利，工学硕士，国网福建省电力有限公司经济技术研究院，主要研究领域为能源经济、能源战略与政策。

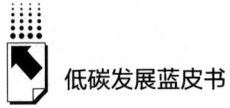

从中远期看，福建省实现碳中和目标需同步考虑碳排放、碳汇除碳和CCUS 技术除碳三大要素，当全省碳排放总量与碳汇、CCUS 除碳总量相等时，即认为全省实现碳中和。本部分在前文碳排放、碳汇、CCUS 技术发展趋势预测的基础上，利用趋势外推等方法进一步将三大要素的发展态势延伸至 2070 年，从而分析不同场景下福建省实现碳中和的预期时间，为全省做好中远期除碳增汇措施，确保如期实现 2060 年碳中和目标提供参考。

一 中远期碳排放预测

在预测福建省碳达峰情况的基础上，进一步预测福建省中长期碳排放情况。由于未来能源结构转型态势存在较大的不确定性，分别设计基准、加速转型、深度优化三个场景，研判不同发展假设下福建省碳排放发展趋势。在基准场景下，假定全省煤炭消费占一次能源消费的比重和终端电气化率在2035 年后保持不变；在加速转型场景下，假定全省煤炭消费占一次能源消费的比重和终端电气化率延续 2020～2030 年的优化态势；在深度优化场景下，结合实际进一步下调非化石能源消费占一次能源的比重并提升终端电气化率，经测算，基准、加速转型、深度优化场景下福建省中长期碳排放轨迹如图 1 所示。

由图 1 可见，三个场景下，中远期福建省碳排放均可分为三个阶段。第一阶段是达峰年至 2045 年碳排放快速下降阶段。在全省实现碳达峰后，随着能源结构、产业结构同步优化，全社会节能减排成效加快释放，带动全省二氧化碳排放快速下降。在基准、加速转型、深度优化场景下，该阶段全省碳排放分别较峰值水平下降 62.0%、69.0% 和 74.2%，年均降幅分别达到 6.2%、7.5% 和 8.6%。第二阶段是碳排放缓慢下降阶段，在基准、加速转型、深度优化场景下分别持续 15 年、10 年和 8 年。由于能源结构、产业结构转换逐渐进入深水区，转型速度逐渐放缓。该阶段全省碳排放仍在稳步下降，但下降速度已有所趋缓，在基准、加速转型、深度优化场景

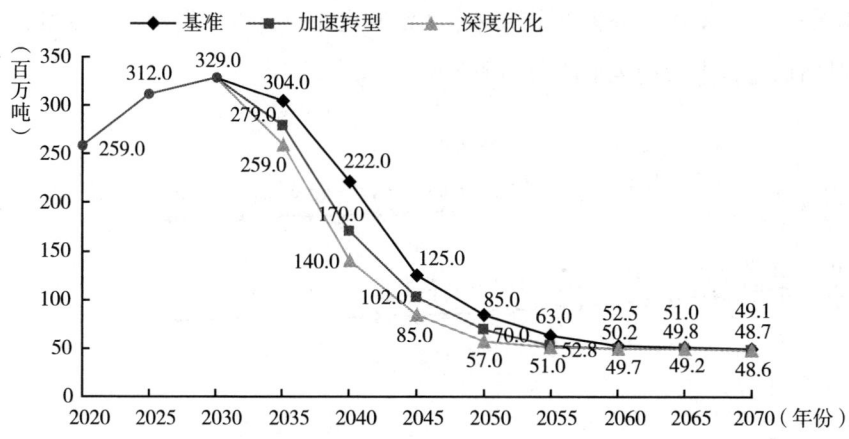

图1 福建省中长期碳排放轨迹预测

数据来源：根据CEADs数据建模测算。

下，年均分别下降5.6%、6.4%和5.8%。第三阶段下，随着能源结构、产业结构基本完成深度转型，用能效率提升进入瓶颈期，全省碳排放将基本保持稳定，几乎不再下降。在三个场景下，全省碳排放水平接近，约5000万吨，仅在进入平台期的时间上存在差异。在基准、加速转型、深度优化场景下，碳排放分别于2060年、2058年和2054年进入平台期。可见，不论何种场景下，福建省均难以实现二氧化碳完全"零排放"，为了实现碳中和目标，除了尽可能降低全社会的碳排放之外，还需要较强的除碳能力作为支撑。

二 中远期除碳能力预测

（一）碳汇能力预测

在预测2035年全省碳汇水平的基础上，进一步预测全省中长期碳汇能力。由于分项碳汇预测缺少中长期边界条件，故采用趋势外推模型对全省碳汇总量进行预测。同时，考虑到海洋、土壤碳汇在测算方法学和发展趋势上的不确定性，本部分分为仅考虑林木碳汇和考虑全部碳汇资源两种场景，测算得到福建省中长期碳汇能力如图2所示。

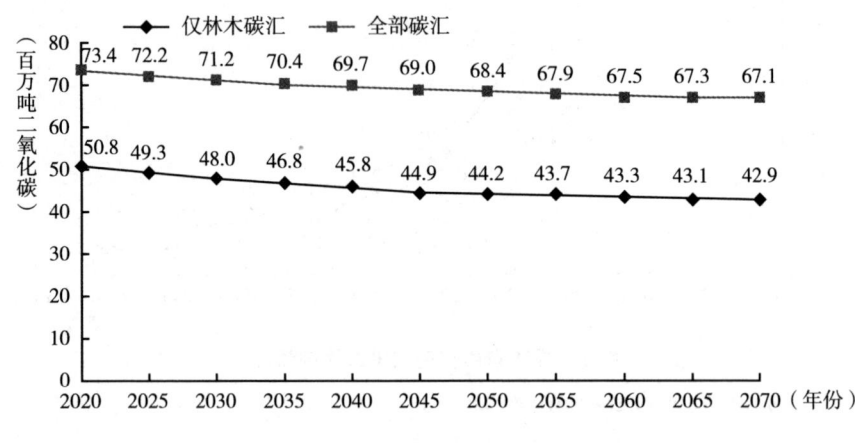

图2 福建省中长期碳汇能力预测

数据来源：根据历史数据建模测算。

由图2可见，在只考虑林木碳汇的情况下，由于福建省森林覆盖率已处于较高水平、森林面积未来增长空间有限，在不采取改变林种等增汇措施的情况下，碳汇水平略有下降但仍保有优势，预测远期碳汇水平为4300万~4400万吨二氧化碳；海洋和土壤碳汇方面，海洋碳汇中的微生物碳汇总体保持不变，而渔业碳汇在2035年后仍有一定发展空间，将带动海洋碳汇总量缓慢增长，最后保持稳定，远期为2300万~2400万吨二氧化碳；而土壤碳汇由于中长期耕地面积总体保持稳定将基本维持不变，远期约为25万吨二氧化碳。综上所述，进一步考虑海洋和土壤碳汇，全省远期碳汇总量将达到6700万~6800万吨二氧化碳。

（二）CCUS除碳能力预测

基于CCUS技术产业化路径研判，结合国家能源技术经济研究院相关研究成果，预测福建省中长期CCUS除碳能力如图3所示。

由图3可见，2035年以后，随着CCUS技术产业化不断推进，除碳能力

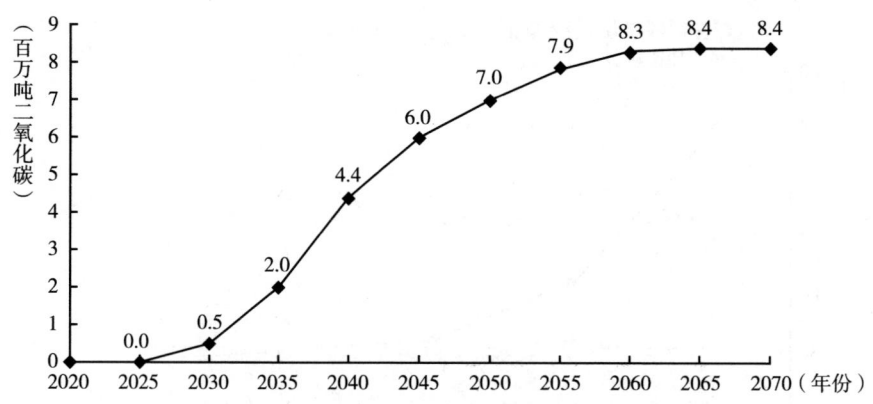

图 3　福建省中长期 CCUS 技术除碳能力预测

数据来源：根据米剑锋、马晓芳《中国 CCUS 技术发展趋势分析》（《中国电机工程学报》2019 年第 9 期）数据估算。

持续增加。至 2050 年全省范围内实现 CCUS 广泛部署后，除碳能力可达到较高水平。由于全省高碳能源、高碳产业占比已经较低，故 CCUS 除碳能力总体保持稳定，远期约为 840 万吨二氧化碳。

三　碳中和趋势预测

综合福建省碳排放和除碳能力预测结果，得到三个场景下福建省碳中和情况，如图 4 和图 5 所示。

由图 4 可见，仅考虑林木碳汇时，福建省具备完成碳中和目标的基本条件，但仍需付出较大努力。在加速转型和深度优化场景下，预计分别在 2057 年和 2054 年实现碳中和，但在基准场景下，由于全省减排速度较慢，福建省在 2063 年方可实现碳中和，无法完成全国目标。因此，福建省需要在做好"十四五"规划的基础上，采取更多除碳增汇措施，进一步加强碳排放控制和碳汇能力培育，方可如期实现碳中和目标。

当考虑全部碳汇时，福建省各场景碳中和时间显著提前，均有条件提前完成碳中和目标。在基准、加速转型和深度优化场景下，碳中和时间分

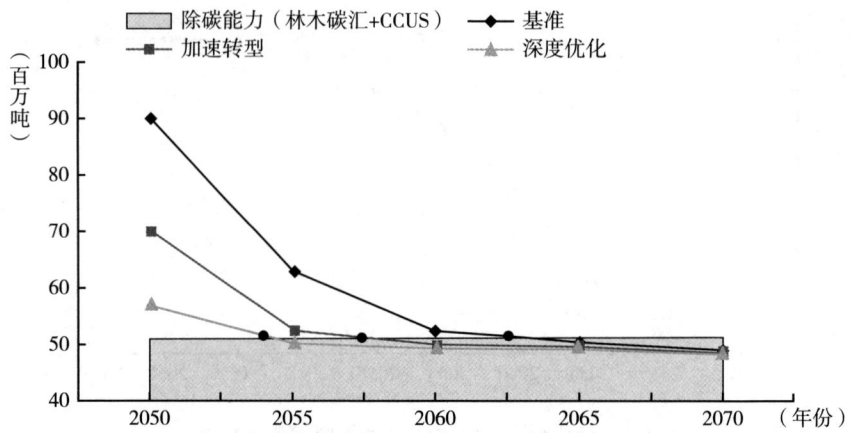

图4 福建省碳中和情况分析（仅考虑林木碳汇）

数据来源：根据历史数据建模测算。

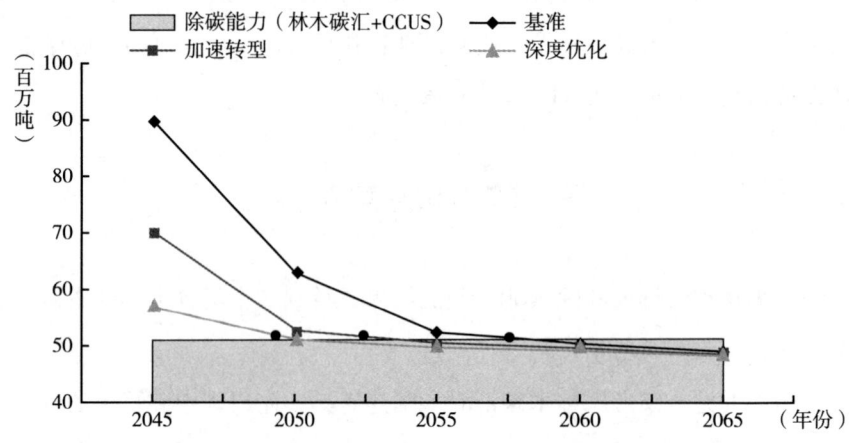

图5 福建省碳中和情况分析（考虑全部碳汇）

数据来源：根据历史数据建模测算。

别提前至2057年、2053年和2049年。显然，若福建省碳汇能力得到充分兑现，将能够缓解全省实现碳中和的压力，并有望在通过政策、市场等手段实现碳汇资源在全国范围内的优化配置，助力内陆省份乃至全国实现碳中和目标。

四　推进福建省实现碳中和愿景相关建议

（一）超前谋划达峰后重点领域的减碳除碳路径

根据全省碳排放来源现状，重点聚焦供能行业、制造业（尤其是黑色金属冶炼、压延加工业和非金属矿物制品业）、交通运输业和居民生活领域中长期碳减排路径规划，明确重点行业、重点企业的控碳减碳量化目标，推动福建省未来碳排放路径实现"总体轨迹加速转型、部分领域深度优化"的发展组合。

（二）以技术革新赋能重点领域节能脱碳

从中长期来看，随着福建省能源、产业结构转型升级逐步进入深水区，新技术的突破和推广应用对实现全省深度节能和脱碳至关重要。考虑到技术发展具有较大的不确定性，应提前谋划以碳中和为导向的节能除碳技术路线图和技术研发计划，重点聚焦氢能、合成燃料、零碳建筑、CCUS等前沿技术，并依托省内高校、龙头企业、产业园区、创新基地等平台载体开展技术论证和集中攻关，力争在一些低碳技术发展所需要的基础材料、关键器件和核心技术等领域有所突破，为全省加快深度节能脱碳、实现碳中和提供经济、安全的技术手段和解决方案。

（三）加快培育全省生态系统碳汇能力

由于福建省在远景碳排放平台期仍有5000万吨左右碳排放，需要通过生态系统或技术手段予以消除，因此在不影响粮食安全和生态安全的前提下，因地制宜、完善和实施合理的生态系统增汇政策，对全省实现碳中和目标尤为关键。一方面，重视现有陆地生态系统碳汇功能的长期维持。采取政策扶助、投资引导等措施，鼓励相关行业和地区开发、应用和推广森林植被保护与管理、存量林木更新迭代以及湿地恢复与管理等各种增强陆地生态系

统碳汇的技术，保障福建省中长期碳汇优势。另一方面，加快开展海洋生态系统碳汇理论体系研究。完善海洋碳汇核算、交易的基础理论和方法论研究，合理布局一批生态养殖、碳汇渔业项目，充分发挥福建省海洋生态系统优势。

参考文献

李怒云、杨炎朝编译：《林业碳汇计量》，中国林业出版社，2017。

米剑锋、马晓芳：《中国 CCUS 技术发展趋势分析》，《中国电机工程学报》2019 年第 9 期。

渠慎宁、郭朝先：《基于 STIRPAT 模型的中国碳排放峰值预测研究》，《中国人口·资源与环境》2010 年第 12 期。

唐剑武、叶属峰、陈雪初等：《海岸带蓝碳的科学概念、研究方法以及在生态恢复中的应用》，《中国科学：地球科学》2018 年第 6 期。

能源治理篇
Energy Governance Reports

B.8
福建省能源"双控"形势
分析及对策建议

李源非 施鹏佳 林昶咏 *

摘 要: 能源"双控"(以下简称"双控")即能源消费总量控制和能耗强度控制。"十一五"时期以来,我国"双控"政策逐步完善,对我国加快能源资源利用模式转变、实现高质量发展发挥了重要作用。能源领域是最大的碳排放源,在"双碳"目标的引领下,未来"双控"政策将进一步深化完善,成为"十四五"期间推动低碳发展的重要抓手。福建省"双控"工作成效显著,2019年全省能源消费总量为1.37亿吨标准煤,"十三五"时期以来增长约1856万吨;能耗强度为324千克标准煤/万元,"十三五"时期以来

* 李源非,管理学硕士,国网福建省电力有限公司经济技术研究院,主要研究领域为能源经济、能源战略与政策;施鹏佳,工学硕士,国网福建省电力有限公司经济技术研究院,主要研究领域为配电网规划、企业管理;林昶咏,工学硕士,国网福建省电力有限公司经济技术研究院,主要研究领域为能源经济、配电网规划、能源战略与政策。

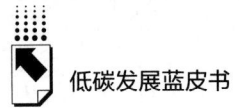
下降约15.3%，预计能够超额完成全省"十三五"时期"双控"目标。展望未来，福建省持续推进"双控"工作机遇与挑战并存，需要统筹好节能与减排、经济与环境、政府与市场、生产与生活等多维度要素，推动全省节能减碳工作取得新的突破。

关键词： 能源消费总量控制　能耗强度控制　节能减排　福建

"双控"行动是我国为推进生态文明建设，解决资源约束趋紧、环境污染严重、生态系统退化的问题所采取的一系列刚性控制措施。控制对象包括总量和强度两个维度，控制内容包括能源、水资源和建设用地等多个方面。其中，能源"双控"是指能源消费总量控制和能耗强度控制，对福建省转变发展模式、破除资源禀赋瓶颈、早日实现经济发展与能源耗用"脱钩"、实现全方位推动高质量发展超越具有重要意义。本文所说的"双控"均指能源消费总量和能耗强度"双控"。能源领域作为最大的碳排放源，是控碳减碳工作的"前沿阵地"，开展"双控"是实现碳达峰、碳中和的关键所在。为此，福建省应充分研判"双控"工作成效与形势，在保障经济稳步发展的前提下，全方位推动节能减排、提质增效。

一　能源"双控"政策发展历程

回顾"十一五""十二五"时期，"双控"制度雏形初现，政策效果初步释放。我国能源"双控"行动的雏形最早可追溯到"十一五"时期，在《中华人民共和国国民经济和社会发展第十一个五年规划纲要》中首次将单位 GDP 能耗下降纳入约束性指标。在此基础上，进一步要求对能源消费总量进行合理控制。2014 年，国务院办公厅印发了《2014～2015 年节能减排低碳发展行动方案》，将能耗增量（增速）控制目标分解下达至各地区。在政策驱动下，我国能源消费总量和能耗控制开始取得初步成效。"十一五"和"十二五"期间，我国单位 GDP 能耗累计降低 34%，节约能源折合 15.7 亿吨标准煤;[①] 同时，经济增长对能源消耗的依赖程度也有所降低，"十一五"期间，我国以年均 6.7% 的能耗增速支持了 GDP 年均 11.3% 的增长，能源消费弹性系数为 0.59;"十二五"期间，我国以年均 3.6% 的能耗增速支持了 GDP 年均 7.9% 的增长，能源消费弹性系数降至 0.46。

"十三五"时期，"双控"制度日趋完善，有效引导全国节能降耗。2015 年，党的十八届五中全会总结"十一五""十二五"时期我国节能工作经验，首次提出实行能源消耗总量和强度"双控"行动，随后被正式纳入《中华人民共和国国民经济和社会发展第十三个五年规划纲要》，明确要求到 2020 年单位 GDP 能耗比 2015 年降低 15%，能源消耗总量控制在 50 亿吨标准煤以内。国务院将全国"双控"目标分解到了各地区，对"双控"工作进行了全面部署，要求各地区节能增效，保障合理用能、限制过度用能，推动生态文明建设，落实绿色发展理念，加快形成资源节约、环境友好的生产方式和消费模式，以尽可能少的能源消耗支撑经济社会持续健康发展。据国家统计局初步核算，2020 年，全国能源消费总量折合 49.8 亿吨标准煤;能耗强度为 490 千克标准煤/万元，按可比价计算，较 2015 年下降 15.6%，已完成"十三五"时期的"双控"目标。从各省份情况看，2021 年 1 月，国家发改委对 2019 年全国各省份"双控"指标完成情况进行通报，除辽宁和内蒙古的考核结果分别为"基本完成"和"未完成"等级外，其余各省级行政区均能够完成或超额完成"双控"指标。

展望"十四五"时期，"双碳"目标为"双控"赋予新使命。"双碳"目标提出后，国家发改委、工信部等国家部委多次提出要进一步完善和落实

---

① 我国"十一五""十二五"期间能耗数据来源:《发展改革委就能耗总量和强度"双控"目标完成情况有关问题答问》，中央人民政府网，http://www.gov.cn/xinwen/2017 - 12/18/content_ 5248190. htm, 2017 年 12 月 18 日。

能源"双控"制度,并将其作为我国实现"双碳"目标的重点举措。《中华人民共和国国民经济和社会发展第十四个五年规划和2035年远景目标纲要》明确要"完善能源消费总量和强度双控制度,重点控制化石能源消费",并设定了"到2025年单位GDP能耗下降13.5%"的目标。能源消费总量控制目标预计在"十四五"能源专项规划中提出。据此前国网能源研究院、北京理工大学能源与环境政策研究中心等机构预测,2025年我国能源消费总量有望控制在55亿吨标准煤左右。下阶段,能源"双控"约束将逐步趋紧趋严,相关工作将持续落实落细,成为"十四五"期间推动我国低碳发展的重要抓手。

二 福建省"双控"工作成效与形势

"十三五"时期以来,福建省将"双控"作为促进发展方式转变的重点,按照"一市一策、一业一策、一企一策"的方针落实"双控"要求,取得了较为显著的成效。展望未来发展态势,福建省在新产业、新能源和新技术等关键领域具备较为突出的发展优势,为持续深入推进"双控"提供了可靠的支撑,但仍然面临减碳目标约束、经济增长需求和节能降耗瓶颈等多方面挑战。

(一)从工作现状看,福建省"双控"成效显著,能够完成"十三五"目标,但仍有较大优化空间

一是能源消费总量整体控制较好,但增速高于全国。2019年全省能源消费总量为1.37亿吨,① 占全国的比重为2.8%,排名第13位。"十三五"时期以来,全省能源消费总量增长约1856万吨标准煤,考虑疫情影响,2020年全省用能需求大幅降低,预计最终能够完成"十三五"期间能源消费增量控制在2320万吨标准煤以内的目标。然而,"十三五"时期以来福

---

① 福建省能源消费数据来源:2015~2020年《福建统计年鉴》。

建省能源消费年增速达到 3.7%，较全国平均水平高出 0.6 个百分点，且增速没有明显下降的趋势，未来发展面临较大挑战。二是能耗强度明显下降，但较发达国家和地区仍有差距。2019 年福建省能耗为 0.403 吨标准煤/万元，较全国平均水平低 34.2%。"十三五"时期以来，全省能耗强度累计下降 15.3%，预计最终能够完成"十三五"期间能耗强度下降 16% 的目标。然而，2019 年福建省能耗强度分别是美国、日本和我国台湾地区的 2.8 倍、4.9 倍和 1.9 倍，未来尚有较大追赶空间。

（二）从发展优势看，新产业、新能源和新技术为"双控"注入"三新"动力

一是新产业苗壮成长引领动力升级。"十三五"时期以来，福建省新兴产业规模快速扩张，2020 年全省战略性新兴产业增加值超 6000 亿元，数字经济增加值占地区生产总值的比重达 45% 左右，服务业增加值比重达 47.5%，已呈现"体量大、动力足"的发展格局。[①] 下一阶段，福建省将全面优化产业结构，加快打造"六四五"产业新体系。在"数字福建"、战略性新兴产业集群发展工程等重大战略的引领下，福建省新兴产业仍将处于快速增长通道，有望持续发挥其低能耗、高附加值的优势，为"既稳增长，又降能耗"提供有力保障。二是新能源蓬勃发展助力节能减排。据测算，新能源每发电 1 亿千瓦时，能够节省标准煤约 3.1 万吨，相当于减少碳排放 8.6 万吨。"十三五"时期以来，福建省新能源发展势头强劲，装机容量年均增长 18%，截至 2020 年底，全省新能源装机容量已达 689 万千瓦，占总装机比重达 10.8%，较 2015 年提高 7 个百分点；全年新能源发电总量达到 141 亿千瓦时，占全省发电总量的 5.3%，较 2015 年提高 2.9 个百分点。[②] "十四五"期间，预计福建省新增风电、光伏装机合计将超过 600 万千瓦，新能源在福建省能源体系中的地位将进一步提升，逐步成为未来福建省

---

① 《2021 年福建省政府工作报告》，福建省人民政府网，http：//www.fujian.gov.cn/xwdt/fjyw/202102/t20210201_ 5529296.htm，2021 年 2 月 1 日。

② 福建省新能源装机及发电量数据来源于国网福建省电力有限公司。

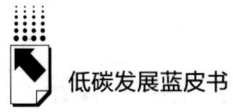
"双控"工作的中流砥柱。三是新技术优势突出推动绿色发展。福建省多项能源技术达到国内领先水平，龙头企业宁德时代动力电池销量居全球第一，莆田钜能的光伏产品转换率达到26%，龙净环保拥有全国首个生态环保产业创新中心。下阶段，福建省将着力建设新能源产业创新示范区，加快打造兴化湾世界级海上风电产业基地和千万千瓦级深远海海上风电基地，将更好地助力福建省打造能源技术产业高地，以技术手段持续为"双控"赋能。

（三）从困难挑战看，减碳目标约束、经济增长需求和节能降耗瓶颈为"双控"带来"三重压力"

一是"双控"任务外部形势大幅趋严。西方国家的碳达峰时间分布在1990~2010年，碳中和目标分布在2050~2070年，从碳达峰到碳中和的时间跨度为50~70年。而根据我国提出的"双碳"目标，我国从碳达峰到碳中和的过渡期为30年，仅为西方国家的一半，低碳转型任务艰巨。能源领域碳排放占总排放量的88%，推动节能降耗将成为高质量实现碳达峰、如期实现碳中和的重要抓手。未来，国家对"双控"工作将提出更高目标、更严要求。二是能源需求增长趋势仍未改变。福建省仍处于经济中高速发展阶段，且经济增长与能源需求增长仍未脱钩，"十四五"期间预计全省GDP年均增速达到6.3%，经济发展势头仍然强劲，仍然需要能源消费作为保障。加之福建省承担了"一带一路"等重大历史使命，在政策和资金的双重驱动下，全省产业规模将持续稳步扩张，进而不可避免地带动能源消费总量同步攀升。未来1~2年，"后疫情"叠加"十四五"起步阶段，经济增长将迎来显著反弹，大批重点项目陆续上马，能源消费总量控制任务形势严峻。三是能耗水平下降困难日益凸显。"十三五"以来，福建省能耗强度逐年下降，但下降速度连续4年放缓。2019年全省能耗强度同比下降2.8%，降幅较2016年收窄3.6个百分点，能耗强度控制工作面临压力不断加大。随着"双控"工作持续深入，现有的管理机制和技术手段或将难以满足进一步控制能耗强度的要求。

三 相关建议

（一）抓好节能和减排双统筹

一是推动高标准节能。结合福建省经济社会发展现状，科学制定下一阶段"双控"工作的整体目标、重点任务和推进方案，并合理分解至各年度、各地区和重点行业，确保各年度和领域考核指标既能与经济社会发展需求相匹配，又能实现平稳衔接。在此基础上，通过常态预警、实时协调等方式，以"开局即决战、起步就冲刺"的力度抓好"十四五"开端，为全面完成下阶段"双控"任务打好基础。二是推动高强度减排。以碳达峰、碳中和目标节点为约束，适当提高重点行业、重要领域"十四五"期间"双控"指标，通过"双控"驱动碳排放水平降低，力争使碳达峰时间提前、压降碳排放峰值，从而延长从碳达峰到碳中和的转型期、缓解减排压力，为后续经济结构优化、能源低碳发展、生产生活方式变革预留充足的缓冲时间。

（二）推动经济与环境双提升

一是加快产业结构调整。福建省传统产业中，石油化工、金属冶炼等六大高耗能行业的能耗强度达到全省平均水平的 5.8 倍，是全省"双控"工作的关键领域。建议统筹运用提标退出、兼并重组、集聚搬迁等方式，加快高耗能行业中落后产能清退整改，实现价值链向高水平跃升；加快发展战略性新兴产业，结合福建省优势产业分布特点，引导资源要素向电子信息和数字产业、先进装备制造产业、新能源新材料产业等低能耗高附加值的产业集聚，实现产业升级与能源"双控"协同推进。二是推动能源结构转型。在保留电力系统所需调峰资源的基础上，鼓励风电、太阳能等清洁能源有序替代燃煤发电，加快建设以新能源为主导的新型电力系统，助力全省能源供需结构优化；加快实施能源一体化供应服务，打破各类能源相互割裂、独立运行的局面，通过多能互补、集成优化充分发挥各类能源的优势和特色，提升社会综合能效。

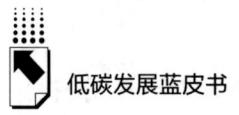

（三）发挥政府与市场双作用

一是完善政策体系。注重产业经济政策与能源环境政策的关联协同，合理分解"双控"指标，在严格控制能耗强度的基础上，分区域调整优化能源消费总量控制，特别是对于能耗强度达标而经济发展较快的地区，适当实施能源消费总量弹性控制，仅对高耗能产业和过剩产业实行能源消费总量强约束，从而保障经济发展与能耗强度降低"双线并重"。同步做好源头治理和过程监管，严格落实节能审查制度，加强节能审查与"双控"等工作的有效联动，把好项目用能准入关，切实从源头上提高新增项目的能效水平；强化生产过程精益化管理，落细落实"双控晴雨表"制度，对重点地区、重点行业、重点企业的生产和能源消费情况进行动态监测和实时管理。二是健全市场机制。对已开展的用能权交易市场、碳排放交易市场试点进行全面评估，总结提炼亮点经验，研究扩大用能权交易市场和碳排放交易市场覆盖范围，逐步从现有火力发电、水泥制造、有色金属冶炼等行业向全行业拓展；统筹考虑各行业节能减排现状及潜力，逐年适度收紧重点行业用能权指标及碳排放配额，引导企业长期保持节能减排动力。

（四）坚持生产与生活双优化

一是加强企业生产节能改造。大力推广工业智能化用能监测和诊断技术，鼓励钢铁、石化、有色等企业建立能源管理平台，实现能源优化控制；引导企业开展余热余压利用、电机系统优化等节能工艺改造和用能设备升级，持续深化高效蓄热、富氧燃烧等减排工艺技术创新，有效降低重点环节能耗排放。二是提升百姓生活能效水平。深化"大云物移智链"等技术在智慧家居领域的应用，试点建设社区能源综合管理系统，实现用能行为智能分析、用能需求精准响应，推动居民逐步形成绿色节能的生活习惯；以实施"电动福建"三年行动计划为契机，加大力度推广电动汽车，探索发展氢燃料电池汽车，进一步完善充电网络、适时布局加氢站，助力百姓绿色低碳出行。

B.9
福建省终端用能电气化发展报告

林红阳 项康利 杜翼*

摘　要：　本文介绍了电气化率的测算方法，对福建省全社会、分领域
的电气化率发展历程和现状情况进行分析，基于 Johansen 协
整检验及 ECM 模型对2030年和2060年电气化率进行展望。初
步测算，2019年福建省电气化率为28.8%，2030年居全国第5
位。分领域来看，批发零售住宿餐饮业、居民生活、工业领
域电气化率较高，交通运输仓储邮政业电气化率最低。分地
区来看，宁德、漳州、厦门、福州电气化率较高。从发展趋
势来看，2030年福建省电气化率在基准场景和电气化加速场
景下分别达40% 和42%，2060年分别达61% 和74%。总体来
看，福建省电气化率提升仍有较大空间，需要从生产生活多
方面入手推动全省电气化水平再上新台阶。

关键词：　终端用能　电气化率　清洁化

经济社会生产和城乡居民生活普遍使用电力是现代文明进步和用能清洁
化的重要标志。电气化发展与经济社会发展相互促进，电力的广泛应用可有
效提升生产生活效率、降低二氧化碳和污染物排放，同时经济社会发展也进

* 林红阳，工学学士，国网福建省电力有限公司经济技术研究院，主要研究领域为电网规划、
能源经济、企业管理、能源战略与政策；项康利，工学硕士，国网福建省电力有限公司经济
技术研究院，主要研究领域为能源经济、能源战略与政策；杜翼，工学硕士，国网福建省电
力有限公司经济技术研究院，主要研究领域为能源经济、电网规划、能源战略与政策。

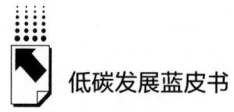

一步促进电能消费。随着碳达峰、碳中和纳入生态文明建设整体布局，准确把握福建省电气化发展阶段、深入分析电气化发展潜力、预判电气化发展趋势、提升整体电气化水平，是建设"机制活、产业优、百姓富、生态美"新福建的必然要求。本文重点分析福建省电气化率的发展历程和现状，基于可溯源数据研究分析2000年以来分领域电气化率变化情况，并设置基准场景和电气化加速场景，对福建省电气化率变化趋势进行预测，最后提出提升电气化率的对策建议。

一 电气化率的定义

电气化率是指一个国家或地区终端能源消费结构中电能所占的比重，即终端电能消费量占终端能源消费总量的比重。其中，终端电能消费量为全社会用电量减去线损电量、厂用电量、抽水蓄能电量，终端能源消费总量为一次能源消费总量扣除过程损耗和能源工业消费量。电气化率是研究分析能源革命进程的重要指标，可反映终端用能的清洁化水平，其变化受能源资源禀赋、经济发展、产业结构、能源政策、能源技术进步等多种因素影响。

电气化率 = 终端电能消费量／终端能源消费总量×100%；
终端能源消费总量 = 一次能源消费总量 − 过程损耗量 − 能源工业消费量
                 = 终端煤炭消费量 + 终端石油消费量 + 终端天然气消费量
                 + 终端电能消费量 + 终端热能消费量；
终端煤炭消费量 = 一次煤炭能源消费量 − 发电用煤炭量 − 过程损耗量；
终端石油消费量 = 一次石油能源消费量 − 发电用油量 − 过程损耗量；
终端天然气消费量 = 一次天然气能源消费量 − 发电用气量 − 过程损耗量；
终端电能消费量 = 全社会用电量 − 输配电损耗电量 − 厂用电量 − 抽蓄用电量。

二 福建省电气化率发展情况

（一）全社会电气化率

从历史发展看，改革开放以来福建省电气化率稳步提升，从1978年的

6.7% 提升至 2019 年的 28.8%，[①] 电气化水平提升 3.3 倍，主要经历了四个阶段（见图1）。第一阶段（1979 年及之前），福建省电力基础设施架构尚未成型，用能仍然以煤炭为主，全省电气化率不到 7%。第二阶段（1980～2001 年），福建省于 1980 年形成 220 千伏统一电网，电网建设取得重大进展，带动用电需求快速释放，当年全社会用电增速达 52%，[②] 电气化率提升了 3.9 个百分点；随着电力基础设施的逐步完善，福建省经济社会发展与用电需求形成相互促进的格局，全省电气化率稳步提升，第二阶段年均提高 0.51 个百分点，至 2001 年福建省电气化率达到 21.5%。第三阶段（2002～2009 年），福建省经济发展步入工业化中期，重工业规模不断扩张，该阶段工业增加值年均增长 15.4%，GDP 年均增长 12.7%。虽然电力基础设施建设加快，但是电力供应能力仍然无法满足经济社会快速发展的用电需求，部分领域和行业时常出现限电，最终导致该阶段全省电气化率波动下降，至 2009 年电气化率下降至 20.4%。第四阶段（2010～2019 年），福建省电力基础设施建设已逐步健全完善，形成"全省环网、沿海双廊"的 500 千伏骨干网架，并形成以 500 千伏变电站和当地电源为支撑，"分区互补、区内多环"的 220 千伏地区受端电网的双电源主干网架，同时全省产业结构、用能结构不断优化，电能在生产生活中的作用更加凸显，尤其是 2015 年以来供给侧结构性改革不断深化，福建省加快推动"以电代煤""以电代油""以电代柴"等电能替代项目，电动汽车、港口岸电、电锅炉、电制茶、电烤菌菇、电烤烟等终端电气化项目持续推广，2011～2019 年全省累计电能替代电量 403 亿千瓦时，电能替代量年均增速 49.9%。2010～2019 年福建省电气化率快速提升，其间年均提高 0.84 个百分点，是改革开放以来提升速度最快的阶段。

从近期情况看，2019 年福建省终端电能消费占终端能源消费总量的比重为 28.8%（见图2），分别低于煤炭和石油 4.1 个、4.0 个百分点，福建

---

① 电气化率均为笔者根据福建省 1979～2020 年《福建统计年鉴》能源数据测算。

② 电网相关数据均来自国网福建省电力有限公司。

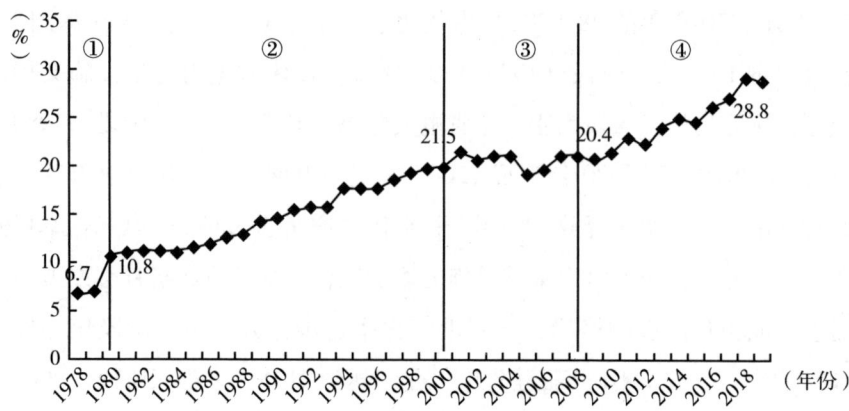

图1 改革开放以来福建省电气化率变化情况

数据来源：根据能源统计数据测算。

省终端能源消费仍然以煤炭、石油为主（两者比重相当，合计占比达65.7%）。分领域来看，2019年批发零售住宿餐饮业、工业、居民生活电气化率较高，分别为38%、34.1%、33.6%；交通运输仓储邮政业电气化率最低，仅为3.9%（见图3）。

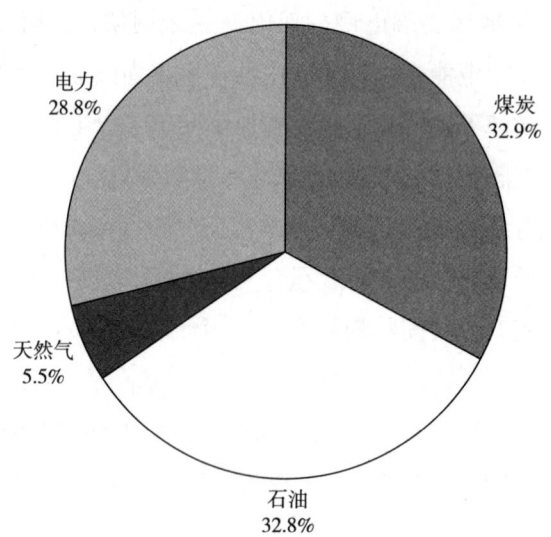

图2 2019年福建省终端能源品类消费结构

数据来源：根据能源统计数据测算。

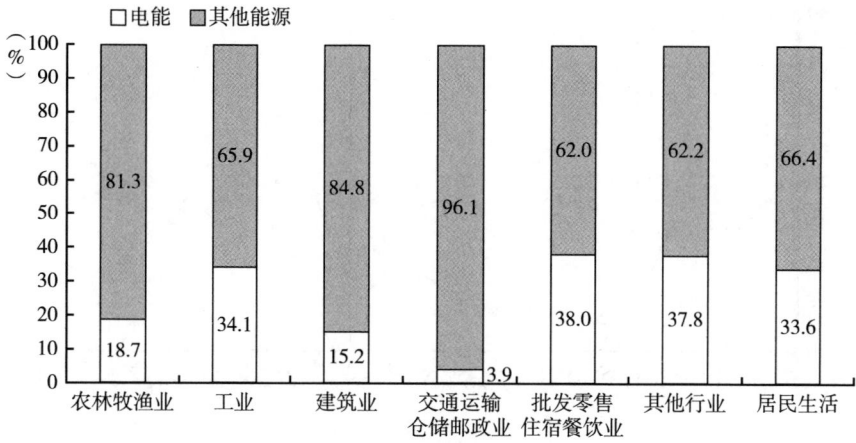

图3 2019年福建省分领域终端能源消费情况

数据来源：根据能源统计数据测算。

（二）分领域电气化率

1.农林牧渔业

从历史发展看，2000年以来，福建省农林牧渔业电气化率发展总体经历了三个阶段（见图4）。第一阶段（2000~2004年），福建省农林牧渔业机械化设备快速发展带动柴油和汽油消费量大幅增长，同期电气化率快速下降，年均下降3.6个百分点，至2004年仅为5.3%。第二阶段（2005~2012年），福建省农业经济发展平稳，同时电动机械设备逐步发展，电气化率缓慢提升，其间年均提升0.34个百分点，至2012年为8.0%。第三阶段（2013~2019年），电制茶、电烤烟、电烘干等电动农业机械设备快速推广，福建省农林牧渔业电气化率快速提升，该阶段年均提升1.5个百分点。

从近期情况看，2019年，福建省农林牧渔业终端能源消费量达252.6万吨标准煤，① 占全省终端能源消费总量的2.8%；其中，终端电能消费量

---

① 分领域终端能源消费总量均为笔者根据《福建统计年鉴（2020）》能源数据测算。

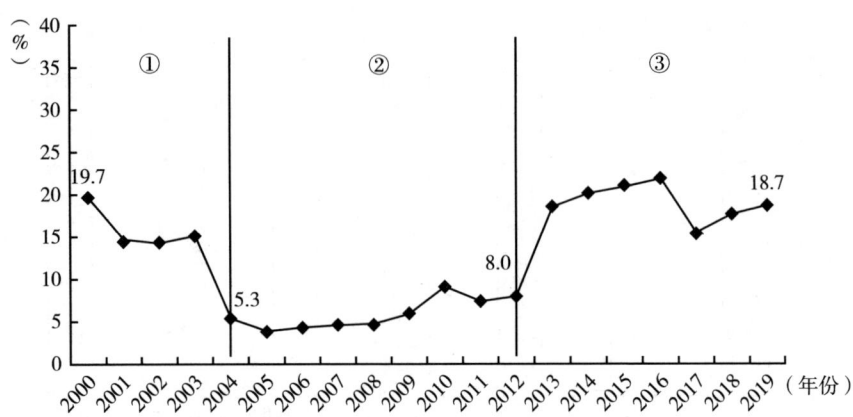

图4　2000年以来福建省农林牧渔业电气化率

数据来源：根据能源统计数据测算。

为47.1万吨标准煤，占全省终端电能消费量的1.8%。全省农林牧渔业电气化率为18.7%，低于全省平均水平10.1个百分点。农林牧渔电气化水平主要受农业机械设备用能结构影响，2019年福建省农业机械动力达1384万千瓦，[①] 其中柴油发动机、汽油发动机合计占比为76.3%，电动机占比仅为23.7%。

总体来看，农林牧渔业电气化率仍然较低，纯电动农业机械设备研发和推广不足，未来需要进一步在农林牧渔生产、种植、养殖等领域加大电能替代。

2. 工业

从历史发展看，2000年以来，福建省工业电气化率发展经历了两个阶段（见图5）。第一阶段（2000～2015年），工业尤其是重工业快速发展，用能需求快速提升；2000～2009年，电力供应能力无法满足工业规模加速扩张的用能需求，同时清洁化和低碳化发展理念未能充分贯彻，电能在工业能源消费中的比重总体保持不变，至2015年为26.2%。第二阶段（2016～2019年），工业生产更加强调节能和绿色发展，供给侧结构性改革深入推

————————————

① 《福建统计年鉴（2020）》，福建统计局，http://tjj.fujian.gov.cn/tongjinianjian/dz2020/index.htm。

进，尤其是 2016 年左右福建省基本完成"三去一降一补"政策落实，落后产能快速淘汰，高能耗产业先后完成技术升级改造，全省工业结构持续优化，再加上电能替代在工业领域的深入推广，全省工业电气化率快速提升，该阶段年均提升 2.0 个百分点。

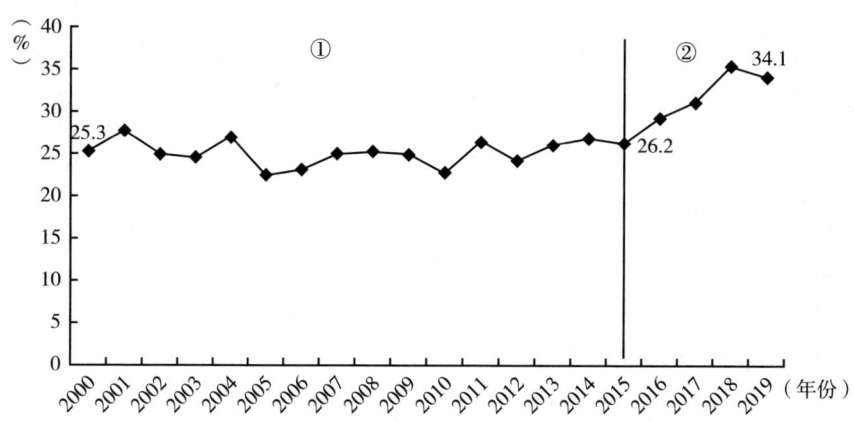

图 5 2000 年以来福建省工业电气化率

数据来源：根据能源统计数据测算。

从近期情况看，工业生产是能源消费和电能消费的主力军，2019 年，福建省工业终端能源消费量为 4509.5 万吨标准煤，占全省终端能源消费量的 49.1%；其中，终端电能消费量为 1538.4 万吨标准煤，占全省终端电能消费比重的 58.2%。工业电气化率为 34.1%，较全省平均水平高 5.3 个百分点，是近年来电气化水平提升最快的领域，其中"十三五"期间对全省电气化水平提升的贡献率高达 40.8%，主要受产业结构优化和电能替代不断推动影响。

总体来看，工业领域电气化率相对较高，但是产业结构优化和电能设备技术改造仍有较大空间，可从工业用能分环节的电能替代转变为全环节用能的电能替代。

3. 建筑业

从历史发展看，2000 年以来，福建省建筑业电气化率发展经历了两个

133

阶段（见图6）。第一阶段（2000～2016年），福建省处于房地产和基建设施快速扩张时期，建筑业用能需求增长，带动施工设备加快发展。同时该阶段前期电力发展跟不上经济社会快速发展，设备的电气化改造相对较慢，全省建筑业电气化率在该阶段总体下降，年均降低约0.8个百分点，至2016年电气化率仅为11.7%。第二阶段（2017～2019年），随着"房住不炒"政策落实，房地产新建工程放缓，老旧小区升级改造加速，同时电气化设备技术进步，该阶段建筑业电气化率累计提升3.5个百分点，年均提升约1.2个百分点。

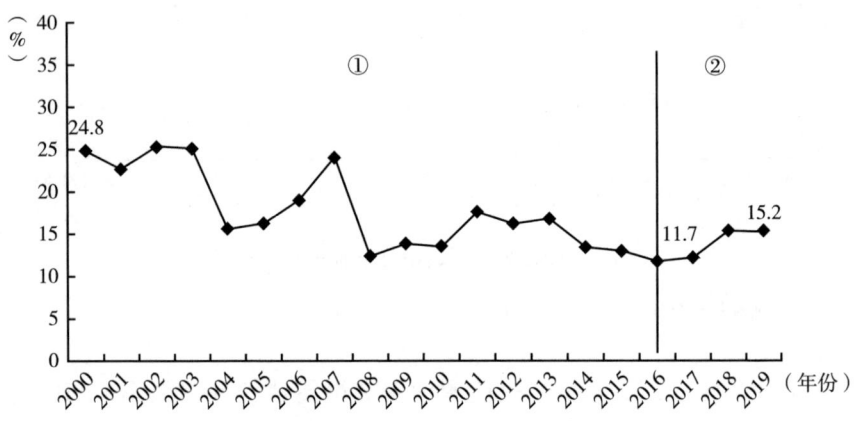

图6　2000年以来福建省建筑业电气化率

数据来源：根据能源统计数据测算。

从近期情况看，建筑业终端用能总量较小，能源消费主要用于建筑安装的施工过程，用能设备以挖掘机、推土机等为主。2019年，福建省建筑业终端能源消费量为311.6万吨标准煤，仅占全省终端能源消费总量的3.4%，用能水平与农林牧渔业相当；其中，终端电能消费量为47.4万吨标准煤，占全省终端电能消费总量的1.8%。建筑业电气化率为15.2%，较全省平均水平低13.6个百分点。

总体来看，建筑行业施工使用设备仍然以柴油为主要能源燃料，电动化设备研发水平和推广程度相对较低，电气化水平具有较大的提升空间。

4. 交通运输仓储邮政业

从历史发展看，2000 年以来，福建省交通运输仓储邮政业电气化率发展主要经历了两个阶段（见图 7）。第一阶段（2000～2009 年），在经济快速发展和交通基础设施大力建设下，全省交通业快速发展，客运量和货运量年均增速分别为 6.4% 和 7.4%，全社会机动车拥有量年均增速达 14%，对汽油、柴油等用能需求快速增加，而电气化的交通工具发展缓慢，全省交通运输仓储邮政业电气化率在原本较低的情况下持续下降，该阶段年均降低0.27 个百分点，至 2009 年仅为 2.4%。第二阶段（2010～2019 年），我国开始实施新能源汽车补贴支持政策，新能源汽车发展从研发、推广走向产业化发展，该阶段福建省电动汽车在公交、物流、环卫、出租车等领域快速推广，截至 2020 年全省累计推广 16.1 万辆电动汽车，带动交通运输仓储邮政业电气化率逐步提升，该阶段年均提升 0.15 个百分点。

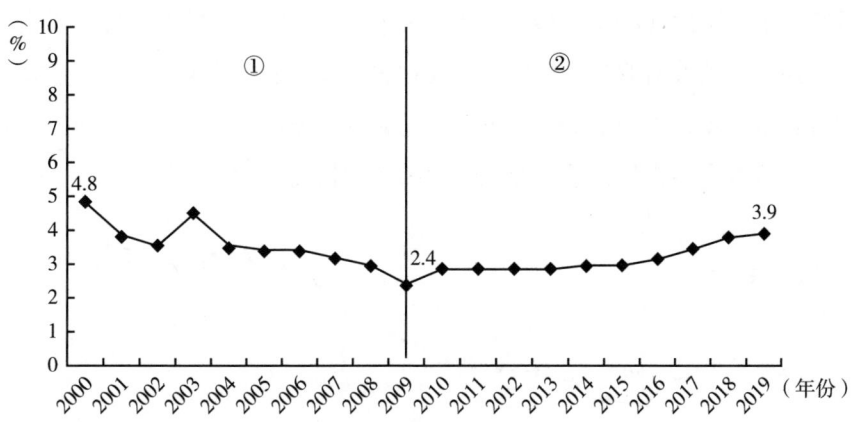

图 7　2000 年以来福建省交通运输仓储邮政业电气化率

数据来源：根据能源统计数据测算。

从近期情况看，2019 年，福建省交通运输仓储邮政业终端能源消费量为 1390 万吨标准煤，占全省终端能源消费总量的 15.1%；其中，终端电能消费量为 54.2 万吨标准煤，占全省终端电能消费量的 2.0%。由于现有海陆空交通工具仍然以汽油、柴油为主要动力燃料，交通运输仓储邮政业电气

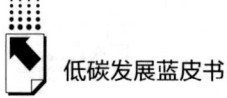
化率仅为 3.9%，低于全省平均水平 24.9 个百分点，是电气化率最低的领域。

总体来看，福建省交通运输仓储邮政业的电气化率虽然近年来有所提升，但是占比仍然很低。公交、物流、环卫等公共交通领域已加大力度推广电动汽车，港口和机场也持续推广岸电项目，但是在长距离公路运输、水运、空运等领域的电动运输技术发展仍然较慢。未来，交通运输仓储邮政业电气化率提升空间巨大，但是任务同样艰巨。

5. 批发零售住宿餐饮业

从历史发展看，2000 年以来，福建省批发零售住宿餐饮业电气化率发展经历了两个阶段（见图 8）。第一阶段（2000～2004 年），以线下零售为主，整体发展水平不高，商业电气化设备研发不足，全省批发零售住宿餐饮业电气化率呈现下降趋势，其间年均下降 0.9 个百分点，至 2004 年下降至19.2%。第二阶段（2005～2019 年），互联网技术爆发式发展，催生了电子商务、网络直播等新业态。批发零售住宿餐饮业商业模式不断变革，整体发展取得长足进步，再加上电气化设备快速研发和推广，终端电能需求逐步提升，该阶段批发零售住宿餐饮业电气化率年均提高 1.25 个百分点。

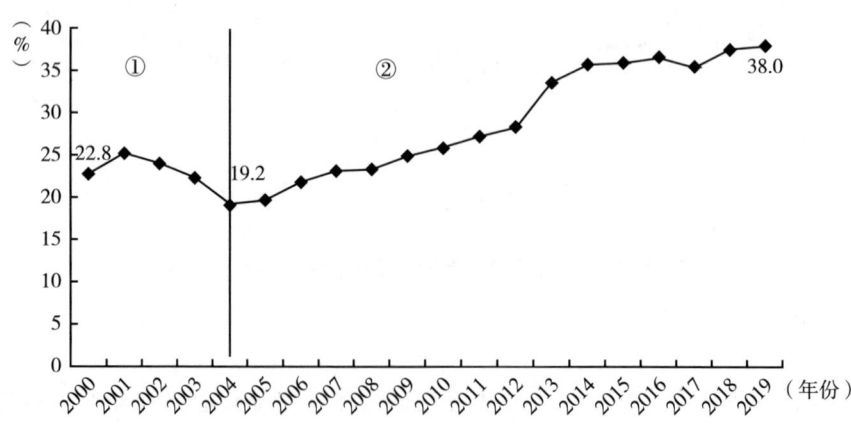

图 8　2000 年以来福建省批发零售住宿餐饮业电气化率

数据来源：根据能源统计数据测算。

从近期情况看，2019 年，福建省批发零售住宿餐饮业终端能源消费量为 411.5 万吨标准煤，占全省终端能源消费量的 4.5%；其中，终端电能消费量为 156.2 万吨标准煤，占全省终端电能消费量的 5.9%。2019 年，批发零售住宿餐饮业电气化率为 38%，高于全省平均水平 9.2 个百分点，是电气化率最高的领域，主要受空调、电热水器等电器设备以及电子商务快速发展影响。

总体来看，批发零售住宿餐饮业电气化率较高，其中批发和零售领域用能以电为主，但是餐饮炊事用能仍以天然气、煤气等化石能源为主，未来可通过推广全电厨房设备提升批发零售住宿餐饮业整体电气化水平。

6. 居民生活

从历史发展看，2000 年以来，福建省居民生活电气化率发展经历了两个阶段（见图 9）。第一阶段（2000～2005 年），家用电器普及和技术水平相对较低，全省居民生活电气化率提升较慢，累计提升仅 0.7 个百分点，至2005 年为 21.4%。第二阶段（2006～2019 年），生活水平的提高带动了居民对高品质能源的需求，同时家用电器产品快速普及加快了居民用能方式的转变，尤其 2008 年国家大力实施"家电下乡"活动，有力地推动了居民终端电能的消费，该阶段居民电气化率持续攀升，年均提高 0.9 个百分点。

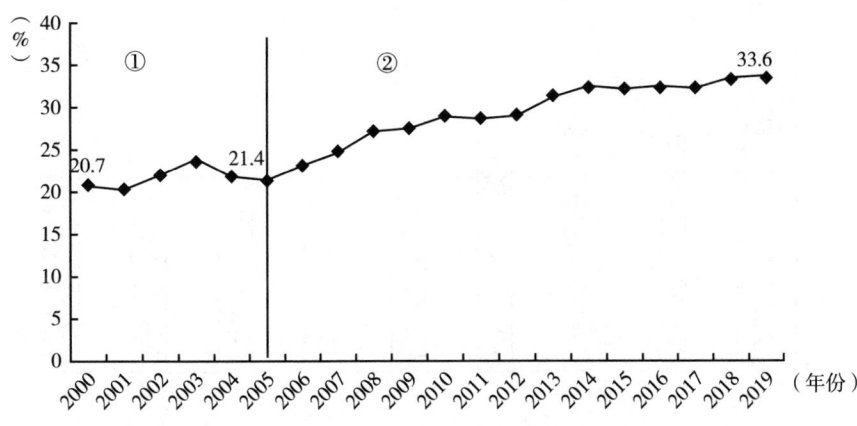

图 9　2000 年以来福建省居民生活电气化率

数据来源：根据能源统计数据测算。

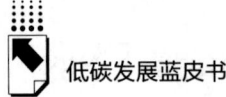

从近期情况看，2019年，福建省居民生活终端能源消费量为1695.3万吨标准煤，占全省终端能源消费总量的18.5%；其中，终端电能消费量为570.4万吨标准煤，占全省终端电能消费总量的21.6%。福建省居民生活电气化率达33.6%，高于全省平均水平4.8个百分点。

总体来看，福建省居民生活电气化率较高，但仍有66.4%的生活能源为化石能源和传统柴薪能源，主要有三方面原因：一是部分农村家庭仍然沿用柴薪燃料作为主要的炊事用能；二是城镇居民天然气普及率随着天然气管网健全逐步提高；三是居民生活出行仍然以燃油汽车为主。未来，居民生活领域需要从改变用能方式、推广电动出行工具等方面提升电气化水平。

（三）分地区电气化率

福建省九地市电气化率差距明显，总体呈现"沿海地区高、内陆地区低"的特点（见图10）。宁德电气化率为44.2%，居全省首位；漳州、厦门、福州电气化率处于30%~35%之间，分别为34.8%、32.0%、31.5%，均高于全省平均水平；泉州电气化率为26.6%，低于全省平均水平2.2个百分点；南平、莆田、三明、龙岩电气化率处于20%~25%之间，明显低于全省平均水平。

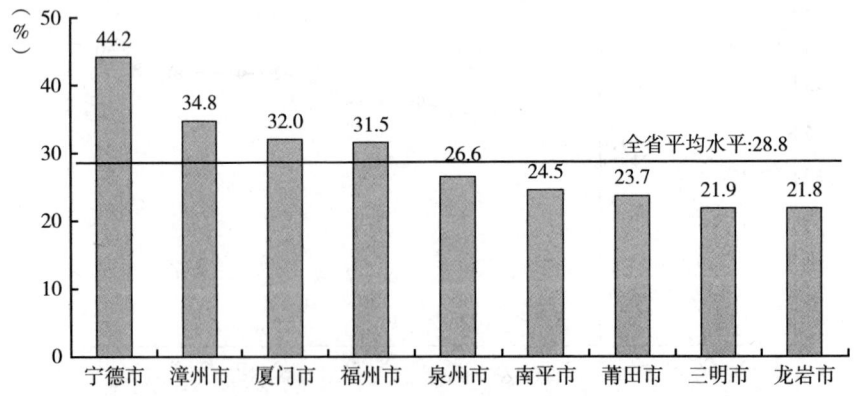

图10 2019年福建省九地市电气化率

数据来源：根据能源统计数据测算。

福建省分地区电气化率差异主要受经济发展、产业结构等的影响。宁德的产业以锂电池、稀有金属、特种钢、汽车制造业等高新技术产业为主，具有高智能化、高电气化的特点，以上产业用电量占宁德总用电量的51%，是带动宁德电气化率居全省首位的关键。漳州的产业以特种钢、化工新材料行业为主，电能需求量较大，带动全地区电气化率处于较高水平。厦门、福州经济社会发展和居民生活水平较高，以第三产业和高技术制造业为主，两个地区电气化率均高于全省平均水平。而南平、莆田、三明、龙岩受经济发展相对较慢以及产业结构以高耗能产业为主等影响，电气化率低于全省平均水平。

（四）福建省电气化率对比分析

从国内来看，我国各省份电气化率差异明显，与经济发展、能源禀赋关系较大，福建省电气化率居全国第5位。2019年，浙江省电气化率居全国首位，达到38.8%，广东、江苏处于30%~35%之间，宁夏、福建、山东、西藏、青海、新疆、北京7省份处于25%~30%之间，安徽、甘肃、内蒙古等9省份处于20%~25%之间，湖北、上海等12个省份低于20%，吉林、黑龙江低于15%。

从国际来看，福建省电气化率已高于世界多数国家。从全球总体水平来看，2019年全球电气化率为19.6%，其中OECD国家为22.1%、非OECD国家为19.4%，均低于福建省平均水平。从主要发达国家来看，全球电气化率最高的国家为日本（29.1%），高于我国福建省0.3个百分点，也是唯一一个电气化率超过福建省的发达国家，韩国、法国和美国电气化率分别为25.2%、25.1%和20.9%。

三 福建省电气化率发展趋势预测

电气化率主要与经济发展、技术进步、能源转型相关，本文以2005~2019年福建省经济、技术、能源数据构建Johansen协整检验及ECM模型，预测2020~2060年福建省电气化率。考虑到未来经济发展和能源发展存在较大不确定性，围绕电能设备技术发展情况，设计基准和电气化加速两种场景。在基准场景下，假定福建省经济、技术、能源按照当前趋势发展，电力需求在2030年后低速增长并逐步到达峰值；在电气化加速场景下，假定经济、能源按照当前趋势发展，但电能设备技术水平取得较大突破，电力需求在2030年后仍将维持一定增速。据此得到2020~2060年福建省电气化率结果。

（一）全社会电气化率预测

从全社会看，福建省远期电气化率可达到现状的2倍以上（见图11）。基准场景下，福建省按照当前能源发展规划和电能设备研究技术发展，2030年电气化率为40%，未来10年年均提升1个百分点；2060年电气化率为61%，是现状的2.1倍。在电气化加速场景下，福建省加快电能设备技术研发，在工农业生产和居民生活中广泛使用电气化设备，2030年电气化率为42%，未来10年年均提高1.2个百分点；2060年电气化率为74%，是现状的2.6倍。两种场景的预测结果显示，未来福建省电气化率提升空间巨大，尤其是电气化加速场景，但这需要在2030年后仍保持较高的电能替代力度，确保电力需求增速保持在一定的水平。

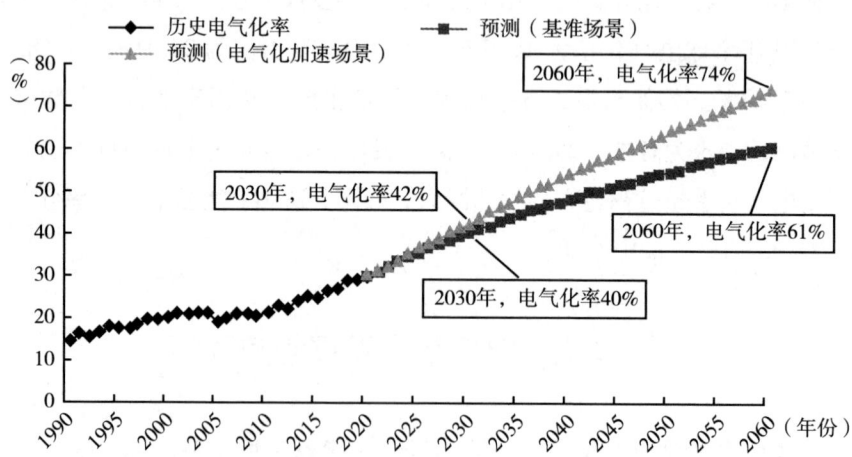

图11　福建省电气化率趋势预测结果

数据来源：根据能源统计数据测算。

（二）分领域电气化率预测

分领域看，远期批发零售住宿餐饮业、居民生活、建筑业和农林牧渔业等电气化率可达较高水平，工业、交通运输仓储邮政业则存在瓶颈（见图12）。

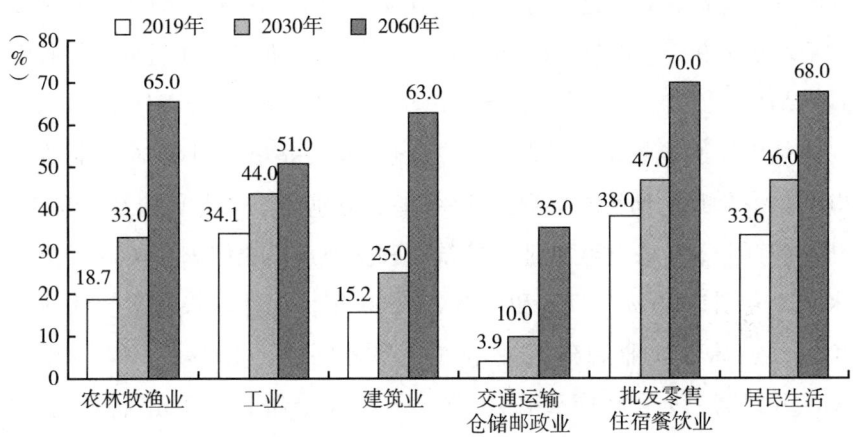

（1）基准场景下重点领域电气化率

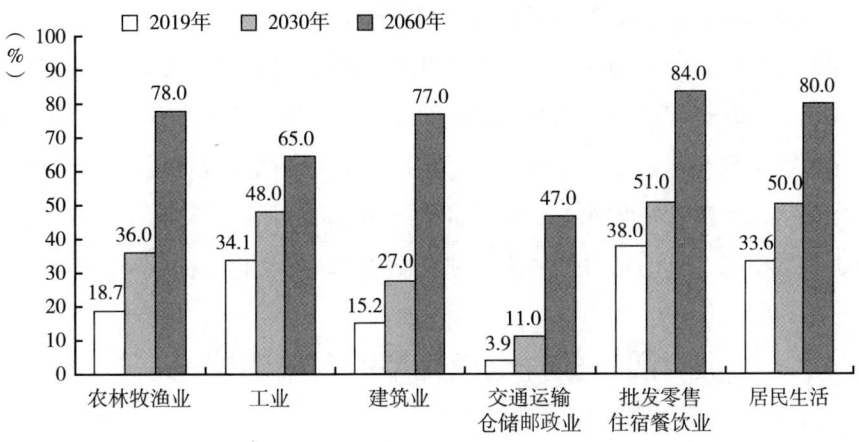

（2）电气化加速场景下重点领域电气化率

图12 福建省重点领域电气化率趋势预测

数据来源：根据能源统计数据测算。

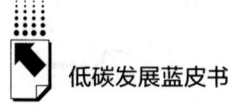

基准场景下，2030年，批发零售住宿餐饮业、居民生活和工业电气化率将分别达到47%、46%和44%，分别高于全省平均水平7个、6个和4个百分点；农林牧渔业、建筑业和交通运输仓储邮政业仍低于全省平均水平，分别为33%、25%和10%。2060年，批发零售住宿餐饮业、居民生活、农林牧渔业和建筑业电气化率分别达到70%、68%、65%和63%，分别高于全省平均水平9个、7个、4个和2个百分点；工业和交通运输仓储邮政业分别为51%和35%，分别低于全省平均水平10个和26个百分点。

电气化加速场景下，2030年，批发零售住宿餐饮业、居民生活和工业电气化率分别达到51%、50%和48%，分别高于全省平均水平9个、8个和6个百分点；农林牧渔业、建筑业和交通运输仓储邮政业低于全省平均水平，分别为36%、27%和11%。2060年，批发零售住宿餐饮业、居民生活、农林牧渔业和建筑业电气化率分别达到84%、80%、78%和77%，分别高于全省平均水平10个、6个、4个和3个百分点，工业和交通运输仓储邮政业分别为65%和47%，分别低于全省平均水平9个和27个百分点。

总体来看，批发零售住宿餐饮业和居民生活用能结构相对简单，电气化进程推进最快，两种场景下远期电气化率均可超过65%；建筑业和农林牧渔业电气化率提升依赖于电气化设备的发展，远期在电能设备技术突破下电气化率可达较高水平；工业因生产工艺特点无法全面实现电能替代，远期电气化率将低于全省平均水平；交通运输仓储邮政业由于飞机、轮船等远距离、重载交通工具的动力燃料难以被电能替代，电气化率提升空间有限。

四 提升电气化率的对策建议

2019年，福建省电气化率约为28.8%，如果按照电气化加速场景发展，2030年、2060年福建省电气化率将达到42%、74%。要实现该目标，亟须以市场需求为导向，聚焦农业农村、工业、建筑、交通、商业、居民生活等领域，加快推动能源消费侧电能替代，全面提升电气化率。

（一）全面加快乡村电气化建设

一是推动农业生产领域电气化，在农业种植集中区域推广农田机井电排灌、农业大棚电保温、电动喷淋等电气化技术，在水产畜牧领域推广应用水增氧、水循环、智能电养殖等技术，在花卉苗木种植领域推广电大棚、电烘干、电保鲜等技术。二是推动农产品加工及仓储物流电气化，在茶叶、橄榄、烟草等农业经济作物生产基地等推广电制茶、电烘干、电烤烟等电加工技术，在农产品加工、保鲜、包装、传送等环节提供全产业链电能替代技术。三是推动乡村旅游电气化，在福建省湄洲岛、武夷山、泰宁等景区加快对农家乐、休闲观光设施的电气化改造，大力推广全电民宿、全电景区。

（二）构建高电气化高智能化工业体系

一是加快传统工业生产的电能替代，在用热环节上加快推广面向钢铁、铸造、玻璃、陶瓷等行业的电锅炉、电窑炉等技术，在动力加工环节上加快推广电动重卡、电动机车、电动油压等电能设备。二是推动工业全产业链智能化升级，重点发展自动控制系统、电力电子器件等先进的自动化技术，加快制造设备电气化改造，实现工业智能化水平的大幅提升，将电气化向工业领域各个细分行业渗透。

（三）推进建筑全寿命周期电气化水平提升

一是加大建筑施工过程电能替代，鼓励电动推土机、电动挖掘机等电气化施工设备的研发和推广，推动提升建筑施工过程电气化水平。二是推动建筑供能电气化，在医院、酒店、商场、写字楼、商业综合体等大型公共建筑推广热泵、电锅炉、电蓄冷技术，对新建小区提前做好电能设备规划设计，对老旧小区进行电气化设备升级改造等工程，高效满足建筑用能需求。三是发展一体化智慧绿色建筑，鼓励太阳能发电等新能源技术与建筑一体化发展，在大型绿色公共建筑、绿色校园建筑、绿色生态城区的规划中统筹考虑电气化设备的部署配置，提高建筑的综合性能。

（四）构建陆海空全覆盖绿色交通体系

一是推动港口岸基供电全覆盖，在沿海、闽江流域重点港口、公共水上服务区等全面推广岸基供电技术，推广电动轮渡、电动游船、电动货轮等，推动码头装卸和运输车辆采用电力驱动等，同时加快电动水上交通工具的技术研发。二是推广地面电源替代飞机辅助动力装置，鼓励民航机场在飞机停靠期间主要使用地面电源，打造绿色空港。三是推动公路交通电动化，加快推广电动汽车充换电设施建设，深化实施"电动福建"战略，深入推广电动汽车快充、换电等技术，在公交、物流、环卫等公共交通领域率先实现全面电动化，在长距离重载运输领域加快氢燃料电池汽车技术的研发。

（五）实施商业领域"全电气化"示范

商业领域是电气化率最高的领域，也是最适合实行"全电气化"示范的领域。一是重点在餐饮领域推广打造"全电厨房"，针对连锁酒店、城市综合体、临街店铺等餐饮企业和个体重点推广电磁锅炉、电磁炒炉、电磁蒸柜、电煮锅、电烤箱、电磁消毒柜等电气化厨房设备，针对大型企业和餐饮单位鼓励提供全电气化厨房整体解决方案，鼓励电气化厨房设备研发和技术攻关。二是结合福建省旅游经济打造"全电景区"，在厦门鼓浪屿、福州三坊七巷、泰宁大金湖等热点地区，推动景区内观光工具电动化、景区内餐饮设备电气化等，构建电气化旅游示范区。

（六）倡导居民生活绿色用能

一是推进城市居民生活电气化升级，在城市居民家庭推广高端智能家电，全面推广全电化厨房、全电化卫浴、电采暖，大力推广电动汽车等绿色出行交通工具，鼓励发展智能家庭设备管理系统，全面提升居民生活和用能体验。二是加大农村居民生活电气化改造，在农村居民家庭推广电气化厨房用具、电热水器、电采暖等设备，加快对柴薪等传统用能的替代和潜在用能需求的挖掘，同时推广电瓶车、电动汽车的使用。

（七）配套出台电气化提升保障措施

一是出台电气化提升行动方案或规划，促请省政府及各地市政府将电气化提升工程纳入经济社会发展规划、行业发展规划或重点项目建设中，形成政府主导、电网支撑、全社会广泛参与的合力。二是出台电气化提升支持政策，鼓励电能设备研发和制造企业投入人才、资金以实现技术突破，支持建设大型电能替代示范项目，引导企业加快电动汽车技术研发并配套奖励措施等。三是加强宣传报道，运用新闻媒体等渠道积极向社会公众宣传电气化提升对经济社会减排和绿色发展的重要作用以及显著成效，营造良好的舆论氛围。

参考文献

叶彬、秦丹丹、杨欣等：《电力占终端能源消费比重分析预测方法及应用》，《电力与能源》2014 年第 2 期。

专 题 篇
Special Topics

B.10
科学设计能源系统碳中和的中国方案

朱四海[*]

摘　要：　能源系统是碳中和的主战场，基于中国自主贡献的气候雄
心，需要科学设计能源系统碳中和的发展路线图。一方面，
要在数字中国、数字经济的大系统下推进能源系统的数字化
转型和数字化发展，构建数字能源系统，提升能源系统控碳
工作的可观测性；另一方面，要发挥能源数据在能源供给侧
与需求侧的双向要素调控作用，构建能源数据市场，提升能
源系统控碳工作的可控性。在此基础上，应科学管控不同空
间尺度经济体的碳源与碳汇平衡过程，锻造能源驱动长板、
补齐数据驱动短板，提升能源系统控碳工作的鲁棒性，构建
能源驱动与数据驱动的碳中和新气象，构建碳技术、碳金
融、碳市场三位一体的碳足迹治理新格局。

*　朱四海，管理学博士，能源经济学博士后，福建省人民政府发展研究中心，主要研究领域为
能源发展与政策、节能减排金融与政策、社会发展、产业经济发展等。

关键词： 能源系统　碳中和　碳足迹治理　碳市场

　　全球气候变暖是人类面临的迫切问题，关乎人类未来。大气中二氧化碳排放量增加是造成全球气候变暖的根源。其中，化石能源消费贡献了80%的份额。中国政府秉持人类命运共同体核心价值观，积极践行《巴黎协定》，庄严承诺采取有力措施提高国家自主贡献，力争2030年前二氧化碳排放达到峰值，努力争取2060年前实现碳中和；到2030年，中国单位国内生产总值二氧化碳排放将比2005年下降65%以上，非化石能源占一次能源消费比重将达到25%左右，风能、太阳能发电总装机容量将达到12亿千瓦以上。这是应对全球气候变化的中国雄心。

　　中国雄心需要中国方案。顺应世界由人与自然的二元结构向人、自然、网络空间三元结构转型的发展新格局，顺应网络空间成为继陆、海、空、天之后国家第五主权空间的发展新要求，顺应网络空间成为物质、能量、信息"资源金三角"治理中枢的发展新特质，能源系统的碳达峰、碳中和工作重心要转到网络空间上来。因此需要加快发展数字能源，加快培育能源数据市场，推进能源系统数字化转型与数字化发展，全面提升能源系统控碳工作的可观测性、可控性与鲁棒性，构建能源驱动与数据驱动"双轮驱动"新发展格局，构建能源系统碳达峰与碳中和新气象。

一　加快发展数字能源

　　党的十九大报告从人的现代化和物的现代化两个维度，对中国特色社会主义现代化的发展进行了整体描绘。一方面，通过建设健康中国、平安中国，推进个体与群体的现代化；另一方面，通过建设美丽中国、数字中国，推进物理实体空间与网络虚拟空间的现代化，从而构建人、自然、网络空间协同现代化的发展新格局。与此相衔接，报告从人、物、空间三个层面具体设计了中国特色社会主义现代化的强国路径。一是以教育、人才、文化、体

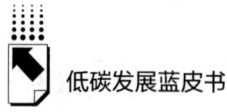

育强国为核心的"人的层面"的强国路径，二是以科技、制造、质量、贸易强国为核心的"物的层面"强国路径，三是以交通、海洋、航天、网络强国为核心的"空间层面"强国路径（见图1）。"四个'中国'"和"十二个'强国'"成为新时代中国特色社会主义的发展意象和发展路径，数字中国、网络强国成为中国特色社会主义在网络空间的集中表达。

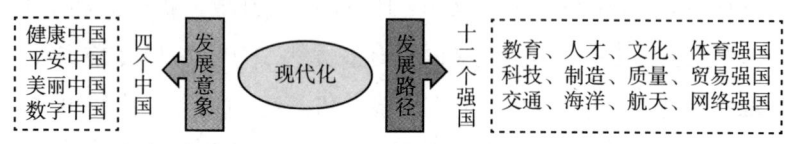

图1　中国特色社会主义现代化的发展意象和发展路径

数字中国是中国特色社会主义的新气象之一。中国特色社会主义现代化尽管还未完成以工业化、城市化、市场化为核心表征的第一次现代化，却在同步推进以信息化、网络化、生态化为核心表征的第二次现代化。建设数字中国是国家信息化建设系统工程，围绕数字核心技术、数字基础设施、数字经济、数据红利、数字民生、数字国际合作，为经济、政治、文化、社会、生态文明建设提供信息化技术与数据资源支撑；其中，中心工作是推进国民经济和社会发展的数字化转型与数字化发展。一方面，深入实施宽带中国和网络强国战略，统筹推进互联网与物联网建设，打造"信息高铁网络"；另一方面，深入实施国家大数据战略，统筹推进大数据与云计算基础设施建设，打造"数据高铁"；同时，以区块链与数字孪生技术为核心强化数据安全保障，以人工智能与量子技术为核心（见图2）提升数据引领能力，加快建设数字经济、数字社会、数字政府。

数字经济是继农业经济、工业经济之后的主流经济形态。2019年，全球数字经济占GDP的比重排名前三的是德国、英国、美国，分别达到63.4%、62.3%、61.0%，全球服务业、工业、农业的数字经济渗透率分别达到39.4%、23.5%、7.5%。中国是一个巨大的单一市场，国家组织经济采取的是产业经济与区域经济"条块结合"的组织方式。其中，区域经济以"有为政府"为主导、产业经济以"有效市场"为主导，形成

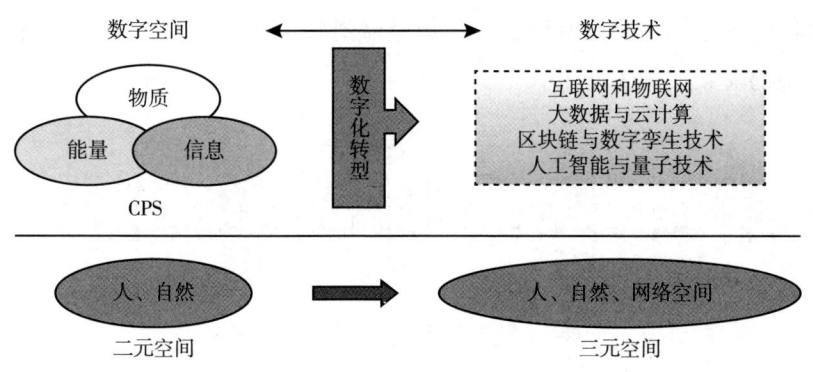

图 2　数字中国

了以陆地为主要载体的绿色经济、以海洋为主要载体的蓝色经济、以网络为主要载体的网络经济，三者依托"有力技术"统一于数字经济。一方面，通过数字产业化和产业数字化，推动数字经济与实体经济深度融合；另一方面，以数据资源为主流生产要素，依托信息网络载体，推动全要素数字化转型。2019 年，中国的数字经济规模达到 5.2 万亿美元，位列全球第二，占 GDP 的比重达到 36.2%。数字经济成为新的经济组织形式，成为先进生产力的集中体现，数据成为新时代联系生产力与生产关系的桥梁和纽带。

数字能源是数字经济的新气象。能源是驱动经济发展的动力，经济体的数字化转型需要一个与之相匹配的数字能源。数字能源是数字技术与能源产业深度融合形成的新业态和新模式，通过能源互联网与物联网实现产能设备与用能设备的数字化连接，通过大数据与云计算、区块链与数字孪生、人工智能与量子通信等数字技术，打通实体的物理世界与虚拟的网络世界，推进物质流、能量流、信息流互联互通，实现源网荷储一体化发展。具体而言，包括三方面的工作。一是产能设备数字化，推进能源网络与互联网、物联网在数字层面实现互联互通，推进源网荷储的智能化调度与交易；二是用能设备数字化，统筹用能设备感知网络连接与互联互通、数据采集与存储、超级计算等工作，构建"端网云"全方位的用能设备智能化新生态；三是数字能源基础设施，将能源基础设施纳入数字基础设施

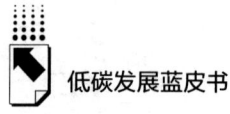

建设体系中，推进能源基础设施与数字基础设施融合发展。数字经济与数字能源的关系如图 3 所示。

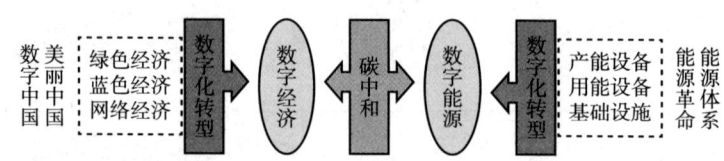

图 3 数字经济与数字能源的关系

数字中国、数字经济、数字能源是三位一体的。能源系统的数字化转型与数字化发展是实现能源系统控碳工作可观测性的基础，能源系统控碳新气象必须在国家大系统、经济大系统中进行前瞻性思考、全局性谋划、战略性布局、整体性推进。

二 加快培育能源数据市场

数字能源催生出能源数据要素。在物质、能量、信息"资源金三角"中，能源数据具有特殊性。一方面，能源作为动力，为国民经济和社会系统注入能量流；另一方面，数字能源系统输出的能源数据，为国民经济和社会系统注入信息流，进而导引物质流、能量流，优化了系统的流通构成。如同数字能源必须在数字中国、数字经济大系统中进行整体性把握，能源数据也必须在生产要素、数据要素等上位系统中进行全局性驾驭。理论上，数据成为提升生产要素规模和水平的关键，是由数字经济发展状态决定的。数字经济成为主流经济形态决定了数据要素在经济系统中的主导地位，既体现在数据要素本身的贡献上，也体现在数据要素在提升全要素配置效率、提高全要素生产率的乘数效用上，能源数据由于具备投入与产出的双向要素贡献能力而成为数据要素的关键之一。

生产要素是国民经济和社会发展的基本条件。生产要素包括土地、劳动、资本等传统要素，管理、技术等现代要素，数据等新兴要素（见图 4）。

生产要素在经济系统中的效用状态由经济发展阶段与经济发展形态共同决定，农业经济的关键要素是土地和劳动；其中，起决定性作用的是土地，土地所有者成为要素的供给主体。工业经济的关键要素是资本、管理、技术；其中，工业化初期资本起决定性作用，资本家成为要素的供给主体，工业化中期管理起决定性作用，企业家成为要素的供给主体，工业化后期技术起决定性作用，科学家成为要素的供给主体。数字经济的关键要素是数据，数据作为边际要素，不仅决定着土地、劳动、资本、管理、技术等生产要素的流向、流量和流速，还决定着这些生产要素的边际成本与边际收益，数据成为驱动经济社会发展的主导要素、数据所有者成为要素的供给主体，并引领农业经济、工业经济发展。

图4 生产要素

数据要素是非数据要素及其衍生品在网络空间的映射。存在于物理实体空间的土地、劳动、资本、技术等非数据要素中，具有物质性、时间性、空间性，这些非数据要素经过比特化转换后映射到网络虚拟空间，形成了具有非物质性、非时间性、非空间性的数据要素。数据要素在网络空间海量集聚，经由基于数据、算力、算法的数字技术服务，形成新产业、新业态、新模式，并赋能非数据要素、提升市场效率、赋能治理体系、提升政府效率。一般而言，数据成为生产要素、进入生产函数的效用状态由知识和制度共同决定。一方面，在数据、信息、知识、智慧的认知阶梯中，比特化形成的海量数据需要在一定的知识边界下进行加工转换、形成可用信息，进而转识成智、对经济社会进行数字赋能。另一方面，在规制、管理、规则、标准的治

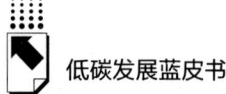

理阶梯中，对比特化形成的海量信息还需要在一定的制度环境中进行加工转化，制度为数据收集使用提供管理依据，为数据资源向资产资本转化提供发展平台，为数据产权保护、数据市场建设、数据应用服务提供数字规则，并决定着数据扩张与数据束缚的程度。

能源数据是数字能源系统的产出。产能设备数字化、用能设备数字化、数字能源基础设施建设三者共同组成数字能源系统，系统输出形成能源数据、并规模化形成数据资源。按照中国特色社会主义市场经济的特征，对能源系统数字化发展形成的数据资源，需要兼顾市场配置方式与政府配置方式。一方面，发挥市场配置能源数据的决定性作用，围绕能源系统生产者、流通者、消费者形成的即时数据、共时数据、历时数据和业务数据、主题数据、基础数据，完善供求机制、价格机制、竞争机制、风险机制，保障各类市场主体平等获取能源数据，推动能源数据配置依据市场规则、市场价格、市场竞争实现效用最大化，推动能源数据向先进生产力集聚。另一方面，要更好地发挥政府作用，围绕能源数据公共资源，创新政府配置资源方式，构建以目录管理、统一平台、规范交易、全程监管为主要内容的新型资源配置体系。在这个过程中，重点在于培育能源数据要素市场，构建以应用为导向的能源数据市场体系。一是自用，能源数据首先服务于能源系统，推进能源系统现代化；二是商用，通过能量流的动态监测为其他要素配置提供有偿引流服务，推进经济系统现代化；三是民用，为高品质生活提供预期管理服务，推进社会治理现代化；四是政用，为政府宏观调控、微观监管和经济运行调度提供辅助决策服务，推进国家治理现代化。数据要素和能源数据的关系如图5所示。

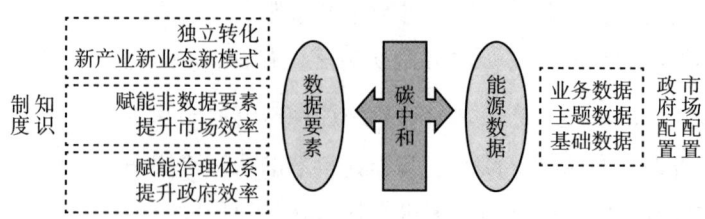

图5 数据要素和能源数据的关系

生产要素、数据要素、能源数据是一脉相承的。由于能源数据既反映能源系统的投入，也反映能源系统的产出，数字能源系统不仅使能源供给侧控碳工作的可控性成为可能，也使需求侧控碳工作的可控性成为可能，能源数据成为构建能源系统控碳新气象的核心依据。

三 构建双轮驱动新发展格局

由于碳排放在大气空间具有"边界不确定性"，将大气中的碳含量稳定在一个适当的水平、防止剧烈的气候改变对人类造成伤害需要全人类的共同行动。由于化石能源消费已发展成为大气二氧化碳稳定性的主要扰动因子，实现基于国家自主贡献的中国气候雄心，不仅需要能源系统自身承担控碳责任，还需要进一步发挥能源系统的控碳工具性价值，提升全社会的控碳能力。数字能源系统作为能源系统的镜像系统，作为能源系统在网络空间的映射，保障了能源系统控碳工作的可观测性；而将能源数据作为生产要素引入能源系统、引入经济系统和国家大系统，又保障了能源系统控碳工作的可控性。由此，能源系统在中国特色社会主义现代化进程中扮演着双重角色：在实体空间，为国民经济和社会发展提供动力；在网络空间，为国民经济和社会发展提供数据，以此打造能源驱动与数据驱动"双轮驱动"新发展格局。双轮驱动的短板在数据驱动，需要统筹推进能源驱动"锻长板"与数据驱动"补短板"。

（一）构建碳中和新气象

碳中和是经济体内人类活动形成的碳源与碳汇的平衡过程。2030年碳达峰，意味着人类活动排放的二氧化碳（即碳源）达到峰值；2060年碳中和，意味着人类活动形成的碳汇抵消了碳源。设计碳中和的发展路线图，需要从碳源、碳汇两个方向发力（见图6）。

一是碳源。以能源供给革命和消费革命为引领，研究制定十年达峰路线图，推进煤炭消费率先达峰，推进重化工业率先达峰，推进交通运输业率先达峰，推进中心城市和城市群率先达峰。

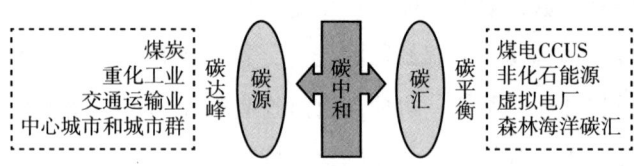

图6 能源系统碳中和

二是碳汇。以"两山理念"为引领，研究制定四十年碳中和路线图，开发煤电 CCUS 碳汇，开发非化石能源碳汇，开发虚拟电厂碳汇，开发森林海洋湿地等自然碳汇，全面提升碳汇碳源适配性。

三是绿色新政。以能源技术革命、体制革命和国际合作为引领，研究制定控碳工作体制机制，为碳源与碳汇的动态平衡提供制度安排，包括绿色技术、绿色标准、绿色金融、绿色财税、绿色绩效评价、绿色政绩考核，开发基于碳足迹的商品和服务碳标签市场服务体系，将碳平衡引入寻常百姓家。

四是早期收获。以国家生态文明试验区为先导，研究制定碳中和先行示范区建设方案，建设国家控碳技术中心、国家碳汇育成中心和国家碳平衡实验室体系，强化国家控碳战略科技力量。

（二）锻造能源驱动长板

立足能源产业规模优势、配套优势和部分领域先发优势，优化供给、引导需求、双向调节，构建能源驱动碳中和新气象。

一是供给侧结构性改革。紧紧围绕"2030 年非化石能源占比达到 25% 左右、风光发电装机达到 12 亿千瓦以上"的发展承诺，完善化石能源总量控制和非化石能源配额管理体制机制，推进低碳能源替代高碳能源、可再生能源替代化石能源，构建清洁低碳、安全高效的能源供应体系。

二是需求侧管理。紧紧围绕 2030 年碳排放强度比 2005 年下降 65% 以上的发展承诺，完善能源消费总量控制和强度控制体制机制，完善能耗和能效标准体系，完善用能权、碳排放权市场体系和综合能源服务体系，推进工业、建筑、

交通、公共机构能源消费低碳转型，推进终端用能的电能替代和绿氢替代。

三是制度优势。依托先进的中国特色社会主义制度，更好地发挥政府作用，健全社会主义市场经济条件下的新型举国体制、打好关键核心技术攻坚战，完善国家能源实验室和国家能源研发中心体系，强化国家能源战略科技力量；更好地发挥能源国有企业作用，推进国有经济布局优化和结构调整，提升国有经济战略支撑能力。

四是市场优势。依托庞大的国内市场，充分发挥市场在资源配置中的决定性作用，推进能源竞争性环节市场化改革，完善化石能源市场、非化石能源市场和能源辅助服务市场，完善一次能源市场，优化二次能源市场，建设统一开放、竞争有序的能源市场体系；更好地发挥非公经济作用，壮大民营经济，培育多元的能源市场主体，完善中国特色现代企业制度，构建有效市场与有为政府"双强"新气象。

（三）补齐数据驱动短板

全面提升数字能源对数字中国、数字经济的适配性，全面提升能源数据对生产要素、数据要素的适配性，构建基于数字能源、能源数据的数据驱动碳中和新气象。

一是数据资产。围绕生产、分配、流通、消费全过程、全生命周期，推进能源数据资源化和资产化；根据数据性质完善产权性质，构建能源数据资产的政务数据、企业数据、个人数据产权体系；加强数权保护，构建归属清晰、权责明确、保护严格、流转顺畅的数据产权制度。

二是数据平台。统筹布局数据中心、云服务平台，布局建设能源数据中心国家枢纽节点和区域能源数据中心集群，优化数据中心供给结构；完善云资源接入和一体化调度机制，构建一体化算力服务体系，降低算力使用门槛和成本，优化算力资源供给结构；深化政企协同、行业协同、区域协同，推动能源数据、算力、算法集约化和服务化创新，打造"能源数据大脑"。

三是数据市场。建立健全能源数据质量评估与价格形成机制，完善涵盖能源原始数据、脱敏数据、模型化数据、智能化数据等不同开发层级的数据

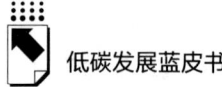

交易机制，提高数据质量和规范性，丰富能源数据产品，为控碳工作提供市场化数据服务；面向商用、民用、政用能源数据应用场景，通过开放数据集、提供数据接口/数据沙箱等方式共享能源数据，有效满足市场化增值服务需求，并为政府履行控碳服务职责、开展决策研判和调度指挥提供数据支撑。

四是数据安全。构建贯穿基础网络、数据中心、云平台、数据、应用等协同一体的数据安全保障体系，实现实质安全；制定数据隐私保护制度和安全审查制度，构建适用于大数据环境下的能源数据分类分级安全保护制度，完善政务数据、企业商业秘密、个人数据保护体系。

双轮驱动能源系统碳中和如图 7 所示。

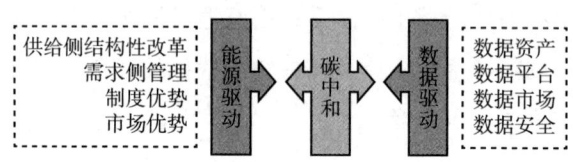

图7 双轮驱动能源系统碳中和

能源系统是碳达峰与碳中和的主战场。构建基于实体空间的能源驱动碳中和新气象和基于网络空间的数据驱动碳中和新气象，从总体上提升了能源系统面向自身的控碳鲁棒性和面向服务对象的控碳鲁棒性，"双轮驱动"碳中和成为构建能源系统新发展格局的行动中枢，成为能源系统气候雄心的行动中枢。

四 迈好能源系统气候雄心第一步

在面向 2035 年全面建设社会主义现代化国家的历史进程中，基于国家自主贡献的碳达峰与碳中和，在国家层面是线性分布的，即先实现碳达峰（2030 年）、后实现碳中和（2060 年）。由于自然碳汇与非化石能源禀赋的地域差异性，不同次级经济体的碳达峰与碳中和可能是非线性的，即存在未实现碳达峰却已实现某种意义上的"碳中和"的情况。例如，由于拥有富集的森林碳汇与海洋碳汇，加上拥有以核电、水电、风电、光电为主体的庞大低碳、无碳能源，尽管福建还远未实现碳达峰，却存在碳盈余。换句话说，福建省虽未实现碳达峰，却已实现"碳中和"。因此，构建能源系统气候雄心新气象，要迈好第一步，科学测定碳达峰与碳中和在国土空间的分布状态，以省域为治理主体，按照共同但有区别的责任原则，对碳赤字与碳盈余进行跨区域资源优化配置，促进能源系统碳中和总体最优化，实现能源系统碳中和最优控制。

一是碳足迹。依托数字能源系统，从宏观、中观、微观三个尺度系统辨识经济社会发展碳达峰的碳足迹。宏观层面，依据资源环境承载力评价和国土空间开发适宜性评价，建立健全能源消费总量和强度双控制度，建立健全用能权和碳排放权初始分配制度和市场交易制度，全面提升碳足迹的国土空间适配性；中观层面，抓住决定碳足迹的主要矛盾和矛盾的主要方面，制定差异化达峰路线图，完善煤炭消费碳足迹、重化工业和交通行业碳足迹以及中心城市和城市群碳足迹的过程控制，全面提升重点领域和关键环节碳足迹的碳达峰适配性；微观层面，面向自然人、法人、个体工商户、家庭承包经营户以及其他各类社会组织，面向各种产品和服务，建立健全碳预算与碳核算制度，构建以碳标签为核心表征的数字化的碳足迹社会管理体系。

二是碳技术。由于人类的能源消费属于间接消费，即通过机器等用能设备消费，碳足迹根本上是由技术内生决定的，科技创新对碳足迹起决定性作用，涉及能源供给侧、需求侧的控碳技术和碳汇技术。供给侧围绕化石能源、非化石能源两个基本面和能源开发、加工转换、运输配送三个基本环节，需求侧围绕国内、国际两个基本面和产业活动、交通运输、居民生活三个基本领域，开发先进适用控碳技术，有效控制能源供应、能源消费过程中形成的碳源。同时，围绕森林碳汇、海洋碳汇、湿地碳汇三个基本面，开发基于地球大气碳循环的碳汇技术，借此构建支撑碳源碳汇动态均衡的碳平衡科技创新体系和技术服务体系，构建支撑碳足迹治理的碳技术体系。

三是碳金融。由于人类大量消费煤炭、石油、天然气等化石能源，打破

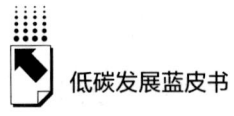
了地球生物圈的碳平衡，需要有效降低生态系统碳循环的人为碳通量。因此，碳达峰、碳中和本质上属于经济社会发展过程中的约束条件，放松约束需要发挥现代金融在碳足迹治理与碳技术研发过程中的关键作用。一方面，以实现国家自主贡献为目标导向，以用能权、碳排放权、碳汇为核心要素，建立健全气候项目技术标准，编制气候项目指导目录，指导各地做好气候项目储备，建设全国气候项目库。另一方面，以服务气候项目为目标导向，建立健全气候投融资标准，将气候投融资纳入绿色金融管理体系，设立绿色支行，建立气候投融资绿色金融组织体系，建立绿色信贷、绿色债券、绿色租赁、绿色信托、绿色保险、绿色基金、碳期货等绿色金融服务体系，开发气候友好型绿色金融产品体系。同时，引导有条件的地方探索建立区域性气候投融资产业促进中心，开展气候投融资试点，开展气候投融资国际合作和第三方市场合作。

四是碳市场。上述基于碳技术和碳金融的碳足迹治理，还需要完善治理体系和治理能力，为治理提供制度安排。一方面，更好地发挥政府作用，完善碳排放总量控制与配额管理体系，完善重点排放单位碳排放配额管理体系，为碳足迹治理提供制度基础设施；另一方面，依托全国碳排放权登记注册系统和全国碳排放权交易系统，建设全国碳排放权交易市场，建立健全碳排放权价格形成机制，推进碳足迹治理成本进入产品和服务，并在电力、石化、冶金、建材、造纸等高载能制造业和航空等高碳服务业率先完善碳资产的会计确认与计量，构建反映碳足迹治理成本的价格机制。同时，发挥税收的调节功能，以碳标签为基本课税依据，探索面向消费者征收碳税。

基于碳技术、碳金融、碳市场的碳足迹治理，为迈好能源系统碳中和的第一步提供了基础行动方案。而由数字能源、能源数据、数据驱动组成的能源系统控碳行动因果链，为应对全球气候变化的中国雄心提供了中国方案。能源系统的数字化转型和数字化发展具有可观测性，使碳足迹治理具备了全球公信力；数字能源系统输出的能源数据，由于具有能源系统内外双重调控作用，使碳足迹治理具备了可控性；基于能源驱动和数据驱动碳中和新发展格局，使碳足迹治理具备了鲁棒性。由此，基于可观测性、可控性、鲁棒性构建的能源系统碳中和新气象，为中国实现气候雄心提供了强大底气，展现了中国气派。能源系统碳中和早期收获见图8。

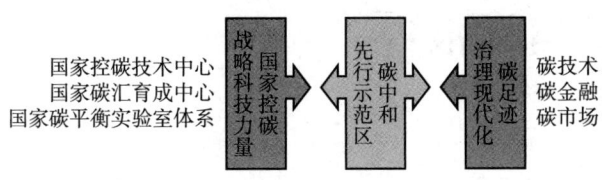

国家控碳技术中心
国家碳汇育成中心
国家碳平衡实验室体系

战略科技力量 → 国家控碳 → 先行示范区 → 碳中和 → 治理现代化 → 碳足迹

碳技术
碳金融
碳市场

图8　能源系统碳中和早期收获

参考文献

《党的十九大报告辅导读本》，人民出版社，2017。

朱四海：《"十四五"能源规划：怎么看、怎么办？》，《发展研究》2020 年第 4 期。

朱四海：《节能的基本途径与目标分析》，《发展研究》2010 年第 3 期。

朱四海：《经济体低碳转型顶层设计》，《发展研究》2012 年第 8 期。

朱四海：《碳减排与减排经济学》，《发展研究》2010 年第 1 期。

朱四海：《制度竞争：中国方案的治理架构》，《发展研究》2019 年第 9 期。

B.11
综合能源系统助力实现
"双碳"目标报告

曾 鸣[*]

摘　要： 能源行业是最大的碳排放源，也是碳减排工作的重点领域。
在碳达峰、碳中和目标约束下，能源行业需要加快实现"清
洁化、综合化、智能化、去中心化"转型。而作为能源系统
的重要组成部分，电力系统也将面临高比例可再生能源并
网、终端电气化水平提升、高度电力电子化和大规模分布式
能源就地接入的挑战。为了适应能源电力行业的新形势和新
要求，综合能源系统的概念应运而生。综合能源系统，是指
区域内冷热电气等多种能源产供销一体、促进能源可持续发
展的新型集成化能源系统。构建综合能源系统，有助于打通
多种能源子系统间的技术壁垒、体制壁垒和市场壁垒，实现
多能互补、协同优化，将有效助力能源行业清洁低碳发展，
进而支撑碳达峰、碳中和目标实现。未来，应从核心技术发
展、服务模式创新、生态圈建设、关键学科建设、示范应用
推广等方面，加快发展综合能源系统，为能源电力系统清洁
低碳转型提供新的解决方案。

关键词： 综合能源系统　电力行业　多能互补　低碳转型

---

* 曾鸣，华北电力大学教授，主要研究领域为能源市场化改革、能源互联网、综合能源系统等。

一 碳达峰、碳中和愿景下能源电力行业发展形势

能源行业碳排放占全国碳排放总量的比重为88%，是最大的碳排放源；其中电力行业占能源行业碳排放的比重为41%，也是全国碳排放量最大的行业。中国是世界上最大的发展中国家，也是全球煤电规模庞大、利用广泛的国家，无论是从能源工业体量、能源供需结构，还是从能源增长的需求来看，控制能源电力行业的碳排放都将是贯彻落实碳达峰、碳中和的重点领域之一。

（一）碳达峰、碳中和目标下能源行业的转型方向

能源行业助力碳达峰、碳中和目标实现的核心是推动能源低碳转型和能源革命，本质措施是控制和缩减化石能源消费量、增加可再生能源发电比例、提升社会整体能效水平。在碳达峰、碳中和要求下，我国能源电力需以低碳转型为整体目标，沿着"清洁化、综合化、智能化、去中心化"方向实现转型升级。

清洁化是能源低碳转型的核心要求。为实现碳达峰与碳中和，我国非化石能源消费占比与可再生能源发电装机容量需分别保持5%和10%以上的年增速发展，可再生能源规模进入倍速增长阶段。此外，未来我国还需适度发展核电，积极拓展氢能等其他零碳能源，逐步提升非化石能源电源结构占比。

综合化是清洁化的技术支撑之一。可再生能源大范围消纳要求有充足的灵活性资源为其提供调峰辅助服务。从供给侧看，可通过风、光、水、火等多种类型电源间的多能协同互补，有效平抑可再生能源出力波动；从需求侧看，可通过对电、热、冷、气等不同能源需求进行优化耦合，充分挖掘需求侧资源在削峰填谷、追踪可再生能源出力等方面的潜力。

智能化是清洁化的技术支撑之二。在碳达峰、碳中和要求下，能源电力系统综合化发展将涉及多种异质能协同及多能源主体利益博弈，其运行优

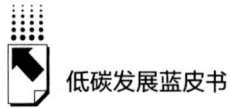

化、调度控制及运营管理难度较大，因此需将能源电力系统与互联网技术及思维深度融合，以"云大物移智链"等数字信息化技术为纽带，综合运用先进的电力电子技术、智能管理技术、互联网平台技术，建设以电力物联网为基础的智慧能源系统，促进能源信息双向流动和开放共享。

去中心化则是清洁化的体制机制保障。在碳达峰、碳中和要求下，风能、太阳能等可再生能源开发利用将呈现集中式与分散式相结合的趋势，能源电力系统也将逐步转变为整体平衡与分散式微平衡紧密结合的整合系统。为保障分布式能源规模化发展，需在体制机制层面推动"去中心化"的新模式、新业态发展，实现众多分布式能源节点的高度自治与协同运行。

（二）碳达峰、碳中和目标下电力系统面临的困难挑战

大力发展风能、太阳能等清洁能源是加快能源电力转型的核心举措。由于95%以上的清洁能源均需要转化为电能进行利用，因此电力系统的转型发展对于实现碳达峰、碳中和目标至关重要。"十四五"期间，我国将加快构建以新能源为主体的新型电力系统，但同时也面临经济发展及用电增长速度的不确定性增强带来的严峻挑战。同时，可再生能源、微电网、电动汽车、储能等新型设备将大量接入电网，电力系统绿色资源配置、安全运行和可靠供电面临巨大考验。

电力系统面临规模化可再生能源并网比例提高的挑战。太阳能、风能等可再生能源具有显著的随机性、波动性。虽然近年来太阳能发电和风电的装机规模不断增加，但受天气影响关键时刻不一定能够形成有效生产力。比如2020年湖南省可再生能源装机923万千瓦，冬季某日因高海拔地区出现覆冰，风电机组超七成无法发电，光伏发电夜间出力为0，从而可再生能源总出力在20万千瓦以下，电网被迫限电。对于西部可再生能源基地，为提高特高压外送通道的传输功率，往往需要就地配套上马大量煤电机组或大容量储能装置，东部受端省份需要留出大量的火电备用容量，加重了绿色能源转型的技术难度和经济成本。

电力系统面临能源消费终端电气化水平提升的挑战。能源格局向清洁主导、电为中心转变，消费侧将聚焦于实施电能替代，中国未来终端用能电气化比例将较大幅度地提升已成共识，这一比例到2025年预计将达到30%左右。[①] 伴随着第三产业和居民生活用电占比不断提高，电力负荷率将持续降低，夏季制冷负荷和冬季采暖年使用时间仅数百小时。同时，随着经济高质量发展带动产业结构优化转型，将会在一定程度上抑制负荷率相对较高的高耗能行业扩能增产。整体来看，随着终端电气化水平的持续提升，未来电力负荷尖峰化特征会越来越显著，负荷峰谷差也会不断拉大，电力系统亟须持续提升安全运行能力。

电力系统面临高度电力电子化带来的稳定运行挑战。电力系统是一个人造的复杂巨系统，火电厂的发电机和用户侧的电动机具有物理学上的惯性，为电力调度机构实施控制、保证电压频率稳定提供了可能。我国大量的可再生能源发电系统、储能系统接入电网以及特高压直流输电的快速发展，大容量直流密集馈入，都使得电力电子装备大量应用；近年来负荷侧也出现了多样化的电力电子装置。电力系统从源网荷储等多个环节都呈现出了高度电力电子化的趋势。而电力电子装置的低惯性、弱抗扰性和多时间尺度响应特性，将给电力系统稳定运行控制带来新的挑战。

电力系统面临分布式能源就地接入的挑战。中国幅员辽阔，东部地区分布式能源发展潜力巨大，用户具备由单一用电者变为产销者的能力。实现能源绿色转型，要求在做好西部可再生能源集中开发的同时，必须更大力度地推动东部分布式风电、太阳能发电就地接入配电网。未来能源供给方式上，将从大规模、集中化、"准军事化"的能源供给方式，向分布式、供需互动、尊重选择的能源供给方式转变。多年来我国配电网建设相对薄弱，东西部之间、城乡之间存在不平衡。大量不受控的分布式能源发电并网，将会导致配电系统控制与协调越发困难。

---

① 数据来源：国网能源研究院有限公司：《中国能源电力发展展望（2019）》，中国电力出版社，2019。

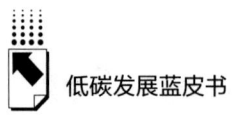

二 综合能源系统助力能源低碳转型

（一）综合能源系统的概念、内涵与结构

能源是经济社会发展的重要物质基础，近年来，经济社会发展和生产力提升要求能源系统的生产和消费模式同步发生适应性转变。传统能源系统建设以能源品类为单位，按照横向扩张规模、纵向贯通产业的路径发展，而不同能源系统间物理互联、信息交互和价值交换较少。而随着我国的经济增长模式由高速增长向高质量发展转轨，这要求能源产业肩负起提高能源效率、保障能源安全、促进新能源消纳和推动环境保护等新使命，传统的能源系统建设路径和发展模式已经难以适应新形势和新要求。这就要求改变传统能源系统建设路径和发展模式，加快破除多种能源系统间的体制壁垒、技术壁垒和市场壁垒，加快实现多种能源系统的协调优化和配套市场机制的协同运行，从而在保障能源安全的基础上促进能源高效利用和清洁利用，大力推动能源生产和消费革命。

1. 综合能源系统的概念与内涵

综合能源系统，是指区域内冷热电气等多种能源产供销一体、促进能源可持续发展的新型集成化能源系统。综合能源系统通过利用信息传输、能源耦合等新兴技术和先进的管理模式，将一定区域内的热能、电能和各种化石能源等多种能源进行整合，从而实现多异质能源子系统之间的科学规划、统一调度、优化管理、协调运行和互补互济，满足多元化用能需求，保障能源供应安全稳定，提高能源综合利用效率。相较于能源互联网而言，综合能源系统更强调能源系统内部挖潜，通过新技术、新模式来解决能源系统的协调优化和创新发展问题。总结而言，综合能源系统的内涵是实现"横向多能互补，纵向协调优化"。

"多能互补"不是多种能源的简单叠加，而是指电力系统、供热系统、石油系统、煤炭系统和天然气系统等多种能源子系统之间的互补协调。"多

能互补"的突出特点是各类能源打破品质高低互异，实现平等互补利用，以取得最合理的能源利用效果与效益。"多能互补"可以充分发挥和利用各种能源的特点和优势，以清洁能源来满足基本负荷、以化石能源来承担高峰负荷、以二次能源作为转换媒介，通过信息信号的指挥确定区域内各种能源资源的最优分配和各种能源转换技术的最优组合。"协调优化"是指实现多种能源子系统在能源开发、能源传输、能源转化、综合利用等环节的相互协调，实现对综合能源系统的智能调度。综合能源系统包含了能源产、供、储、销等从开发到利用的所有环节，是能源系统"一体化"的重要体现。虽然综合能源系统内各环节分开，且存在许多终端能源自平衡单元，但要保证系统安全、稳定和高效，则必须保障系统链"分而不散"，保障物理能源的按需传输以及能量与信息的动态平衡。

2. 综合能源系统的架构

综合能源系统的架构具备"外松内紧，分而不散"的特征。一是从系统内外部的关系看，一方面，系统具有显著的外部开放性，多类能源在规则框架下自由灵活接入和即插即用，并通过统一的通信规约和数据模型实现内外部信息交互共享；另一方面，系统内部各环节紧密结合，横向多种能源子系统互联互通，各终端平衡子系统信息－物理层紧密关联。二是从系统结构看，综合能源系统具有系统、区域、元件级的协调管理和优化控制手段，使得其拥有的多环节、多能源子系统、多终端自平衡单元的每个环节、每个部分、每个元件可实现信息互动、紧密互联。综合能源系统的架构可进一步分解为物理、信息和市场三个层次。

综合能源系统物理层是指各能源子系统的物理设备和网络结构，涵盖各子系统的能源生产、传输、转化、存储和消费过程。物理层是综合能源系统的运行基础，确保系统中物理能源的正常生产、传输、交易、利用。类似于生物体，物理层中存在若干相对独立且广泛互联的基础物理单元。这些基础物理单元可以称为多能源自平衡单元，可以实现相对独立的任务执行，正常情况下各单元可实现自我平衡，类似于小型区域综合能源系统。多能源自平衡单元中，多能供能系统由煤炭、石油、核能、天然气等传统能源和风、

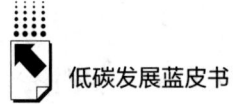
光、水等清洁能源构成，并采用集中式和分布式两种供能方式；网络输送端以包含了分布式能源系统、储能装置以及多元负荷设备在内的微型网络为主，各微型网络负责局域能源传输；用能端包括用能集中的用户和微型网络中的分散用户，可由多能源供能系统直接供能或者微型网络供能。各个能源自平衡单元通过传输通道互联，在单个多能源自平衡单元无法实现自平衡或者多能源自平衡单元之间需要优化配置时，多个单元可实现有效互动。

综合能源系统的信息层是大脑中枢，包含信息采集、存储、分析、处理等相关软硬件系统设备。信息层由若干信息集成控制单元组成，各个信息集成控制单元可实现区域内的信息采集、存储、分析，并可对汇集的信息流进行处理。由于综合能源系统具有多元化的主体、多样的能源形势、复杂的系统链和市场环境，因此必须拥有海量数据，需要有模块化数据存储库和专业化分析处理系统。通过信息的分析处理，结合原始数据共同形成信息流，向物理层和市场层进行信息传输，转变为具体的操作控制指令和市场信号等。

综合能源市场层包括电力市场、天然气市场等传统能源市场和综合能源系统市场耦合的交易模式、交易规则、交易产品、市场主体、业务类型、价格体制、监管体制等内容，重点体现了多能源的协调互补优化过程中的价值创新。市场层中市场规则的制定和市场监管由政府来实施，能源和服务的提供者和创造者由企业扮演，用户则作为被服务对象，也有监管者特性，各主体通过市场信号引导共同推动市场发展。

（二）综合能源系统助力碳达峰、碳中和的实现机理

综合能源系统能够有效整合冷、热、电、气等多种能源资源，打破能源发展的技术壁垒、市场壁垒和体制壁垒，推动实现多能源的互补互济和协调优化，有助于实现能源系统发展"两高三低"[①] 的目标，是贯彻落实碳达峰与碳中和的重要途径之一。具体来看，建设综合能源系统能够从系统规划、

---

① 两高：用能效率提高、供能可靠性提高；三低：用户用能成本降低、碳排放降低、其他污染物排放降低。

电源运行、能效管理、多能协同和市场机制五个维度有效助力实现碳达峰、碳中和目标。

一是实现低碳发展规划，助力多元化清洁供能体系建设。通过创新综合能源系统规划技术，有效整合光伏、风电、热泵、三联供、工业余热余压利用等分布式资源，从多种能源协同发展的角度优化能源生产模式，从多能耦合角度探索促进可再生能源电力消纳的途径，打造可再生能源占比进一步提升的综合能源低碳供能新结构，推动含高比例可再生能源的综合能源系统建设，促进风电、太阳能发电装机容量增长，助力多元化清洁供给体系建设。

二是实现电源侧协同优化，助力新能源发电消纳能力提升。通过推动综合能源系统多能源高效运行技术创新，加强分布式可再生能源与多种能源的互动，实现可再生能源时空转换利用，促进分布式可再生能源发电就地利用；创新分布式可再生能源并网运行管理模式，以综合能源系统为主体实现与电网的交互，推动分布式可再生能源的有序并网；创新可再生能源、传统发电机组以及大型储能的协调运行技术，提升储能灵活资源与传统发电机组的协调能力，降低电网调峰和一次调频压力，促进集中式可再生能源消纳和错峰输送。

三是实现设备整体能效提升，助力用户成本有效降低。推动"云大物移智链"等信息技术与能源物理技术的融合，揭示不同工况下各类设备运行特性，实现各类能源设备物理出力特性的数字画像，推动综合能源系统能源设备能效优化技术创新，从全局最优角度实现综合能源系统多类型设备的能效优化，以经济高效的设备运行策略满足用户用能需求，在提升用户用能效率的同时显著压缩用户用能成本。

四是实现多种供能设备互补耦合，助力安全可靠运行。以"两高三低"目标为导向，推动综合能源系统多能源高效互补耦合技术创新，整合热、电、冷、天然气等多种能源，实现多种能源间的互补互济和综合利用，推动综合能源系统源网荷储联动优化技术创新，有效调动多种供能设备互补和替代特性，增强能源系统应对节日、极端天气等特殊事件下的保障能力，实现系统安全稳定运行。

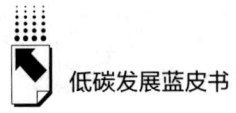

五是实现多能源市场交易，助力多元化市场机制完善。推动跨区域多能源系统市场交易技术创新，实现跨区域多能源的联动交互，促进跨区域能源消纳和交易机制完善。培育虚拟电厂、负荷聚集商、储能电站等新型市场主体，建立能源消费与能源生产的互动以及不同能源需求之间的协同关系，推动需求响应等辅助服务，完善市场机制。以综合能源系统灵活性特点为基础，加强与其他市场主体的合作，促进能源供给的统筹优化和市场主体间的合作共赢。

三 推动综合能源系统发展助力
能源低碳转型相关建议

综合能源系统是能源电力系统未来的重要转型方向。展望"十四五"时期，综合能源系统将在促进新能源消纳、保障供能安全可靠方面发挥更大的作用。下阶段应从技术发展、服务创新、生态圈建设、学科建设、示范应用等方面，加快综合能源系统发展，助力我国实现碳达峰、碳中和目标。

一是加快技术升级培育发展动能。一方面，推进关键技术攻关，积极打通创新链条，加快可再生能源开发利用关键设备创新研发，加快数字信息技术与能源物理技术的融合，着力解决可再生能源利用造价高、效率低等"卡脖子"问题；加快综合能源耦合型设备关键技术研发，突破限制多能源耦合转化的技术壁垒，进一步增强异质能源的互补性和可替代性。另一方面，推进技术与业务深度融合。加速"云大物移智链"等技术对传统能源系统的改造升级，深化技术与设备状态监测、设备运行状态优化等多种业务的融合。

二是提升综合能源服务水平。一方面，推动综合能源服务商业模式创新，准确掌握不同客户对于电、热、气等异质能的服务需求，因地制宜地使用能源托管、多能互补等商业模式以形成定制化综合能源解决方案。另一方面，紧盯潜在市场，以市场需求为引导，开展多维度分析，深入挖掘数据价值，引导建设一批规模较大、效益良好、绿色高效的综合能源服务项目，提

炼项目运营经验以形成具有可推广性和可复制性的模式。

三是加快构建综合能源服务生态圈。打破由技术、机制等原因造成的异质能在供应、运营上的行业壁垒，推动实现更大范围内的资源优化配置。一方面，以低碳、高效、经济为主要原则，鼓励以可再生能源为主的多种能源供应主体的共赢合作，创新多主体投资、运营、利益分配机制，创建互利互惠的商业生态圈。另一方面，推动终端创新，从能源利用的终端着手，建设运营综合能源服务智慧管理平台，推动供需精准对接，为用户提供综合能源解决方案。

四是推动相关学科建设和科学研究。顺应新型电力系统、能源互联网及综合能源系统发展趋势，加快建设智慧能源、可再生能源、氢能储能等新兴学科，推动电气工程、动力工程、电力市场、公共管理等学科交叉融合，同步推进学科建设、科研创新平台建设及成果转化基地建设。优化新能源、智能电网、储能相关国家重点实验室研究方向，组建新型电力系统关键技术创新攻关平台，深化基础与应用研究；探索产学研合作新模式，合力打造以电为枢纽的能源互联网样板，服务国家碳中和战略及能源绿色转型战略。

五是循序渐进推动综合能源系统落地。一方面，加快构建并完善综合能源系统多层级物理模型和经济模型；在此基础上，围绕"两高三低"目标，开展综合能源系统规划、调控、交易、评估全流程仿真，为综合能源系统落地提供重要基础性理论支撑与方向指导。另一方面，开展综合能源系统试点示范，选取典型区域和应用场景，建设可再生能源占比高的综合能源系统，实现对区域内冷热电三联供、分布式光伏、储能、用能负荷的协同优化，形成试点示范经验。

参考文献

贾宏杰、王丹、徐宪东等：《区域综合能源系统若干问题研究》，《电力系统自动化》2015年第7期。

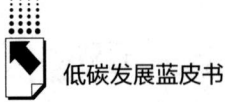

潘崇超、金泰、李娜等：《综合能源系统优化模型综述与文献计量分析》，《科学技术与工程》2021年第11期。

童光毅：《基于双碳目标的智慧能源体系构建》，《智慧电力》2021年第5期。

肖云鹏、王锡凡、王秀丽等：《多能源市场耦合交易研究综述及展望》，《全球能源互联网》2020年第5期。

曾鸣：《构建综合能源系统》，《人民日报》2018年4月9日，第7版。

曾鸣、许彦斌：《综合能源系统要义：源网荷储一体化＋多能互补》，《中国能源报》2021年4月12日，第4版。

B.12
信息与通信技术部门
碳减排分析报告

张　瑾[*]

摘　要：　理解信息与通信技术（ICT）部门的隐含二氧化碳排放（以下简称"隐含碳"）对数字化时代应对气候变化十分关键。本文结合投入产出分析方法，构建了 ICT 部门隐含碳的分析框架，探讨了 ICT 各子部门隐含碳情况。结果表明，考虑隐含碳的影响，ICT 部门远不是一个环境友好的部门，其隐含碳是直接二氧化碳排放的30～70倍；ICT 部门隐含碳的主要来源是非 ICT 部门的中间投入，其中电力部门、基础原料部门（化学、金属、非金属等）和交通运输仓储邮政业是其最主要的隐含碳来源，其中电力部门贡献了 ICT 部门隐含碳的35%。因此，数字经济产业发展应着力引领绿色 ICT 在经济生产部门中的渗透，ICT 部门的碳管理策略应系统考虑行业关联和生产供应链层面的影响。

关键词：　ICT　二氧化碳　隐含碳　投入产出分析

现有研究多数仅关心 ICT 部门自身产能扩张引发资源消费增长和二氧化碳排放增加的情况。本文基于隐含碳视角，研究 ICT 部门发展对包含关联碳

---

* 张瑾，清华大学管理学博士，主要研究领域为能源环境、公共管理等。

排放在内的隐含碳影响，分析 ICT 部门隐含碳来源，为 ICT 部门发展和环境保护之间的平衡提供参考。

一 ICT 部门的隐含碳问题

ICT 部门已经根本性地改变了社会、经济和环境。过去几十年中，技术革命引发数次技术创新有目共睹。作为通用性技术，ICT 几乎渗透生产生活的方方面面。虽然关于 ICT 尚无统一清晰的定义，但是所有关于 ICT 的讨论都涉及 "ICT 产业" 及 "ICT 应用" 两个层面。ICT 的广泛应用已经显著地带来了社会经济效益，如提高了劳动生产率、刺激新经济增长等。世界上许多国家都以 ICT 及其应用为核心的产业作为拉动经济增长、推动社会发展的支柱产业。

在经济增长动力不足、经济增速下滑的背景下，ICT 促进经济增长和刺激生产转型的潜力加快显现，为此我国出台了相关规划和政策，鼓励 ICT 产业及 ICT 与传统产业融合发展，推动实现数字产业化和产业数字化。如 "十二五" 规划将 ICT 产业作为战略性新兴产业，2015 年出台 "互联网＋" 行动计划，2017 年 "数字经济" 被写入党的十九大报告，2020 年出台 "上云用数赋智" 行动，新冠肺炎疫情后将数字经济纳入 "绿色复苏" 政策等。在政策的推动下，我国数字经济发展迅猛，ICT 产业及相关子行业快速扩张。据统计，我国 ICT 产业增加值在 "十二五" 期间年均增长 13%，2016 年我国生产了全世界 80% 的 PC、77% 的手机听筒、50% 的彩色电视，[①] 2020 年新冠肺炎疫情发生后我国电子产品出口大幅反弹。

当前，社会更多关注的是 ICT 部门及其对经济增长的贡献，却少有人关注它对环境的影响。在应对气候变化的背景下，密切关注 ICT 及其发展对能源消费和环境的影响是重要的。然而，在 ICT 部门的环境影响

---

① 根据《中国统计年鉴（2017）》测算。

方面，认知尚未得到统一。一方面，ICT 被认为能够通过提高生产率、赋能环境管理等来实现节能减排；另一方面，ICT 被认为会引发严重的环境后果，因为 ICT 生产、制造、设备处理等各个阶段都与能源消费密切相关。

ICT 部门的环境影响问题在中国尤其值得重视。图 1 显示了中国与世界主要国家（地区）的 ICT 部门产值与二氧化碳排放之间的关系，可以看到美国、欧盟等发达国家（地区）的 ICT 部门产值及二氧化碳排放均处在比较稳定的阶段，但是中国的 ICT 部门扩张和二氧化碳排放呈现显著的正相关关系。尽管从图 1 中可以看出，中国二氧化碳排放增长已趋缓，但是未来很长一段时间经济增长与能源消费、二氧化碳排放无法实现绝对脱钩。ICT 技术虽然被寄希望于解决经济与环境发展的矛盾，但是转型时期，ICT 部门产值的扩张、ICT 的发展在推动经济新增长的同时，随之需要的能源消费、二氧化碳排放未必下降。在新基建计划与绿色发展要求下，我国 ICT 部门发展将不仅决定数字经济的命脉，还将决定未来能否实现绿色低碳发展。因此，十分有必要对 ICT 与气候变化的关系进行研究。

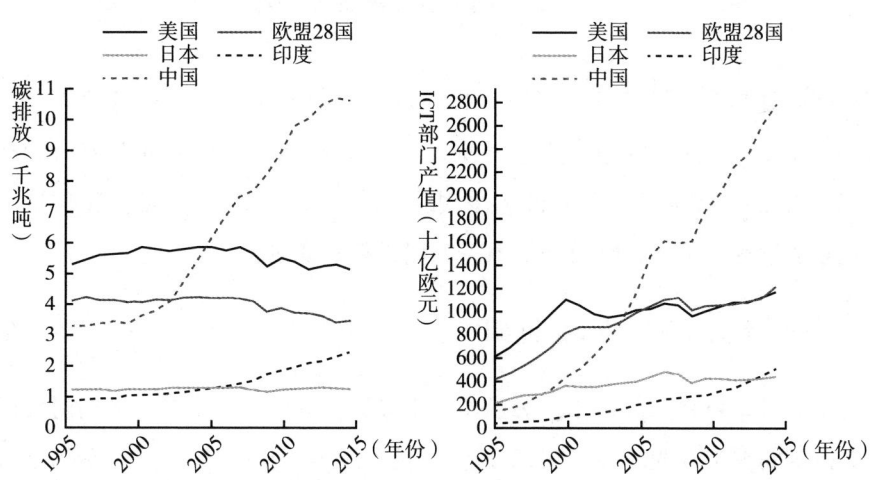

（1）1995－2015 年中国与世界主要国家（地区）碳排放和 ICT 部门产值

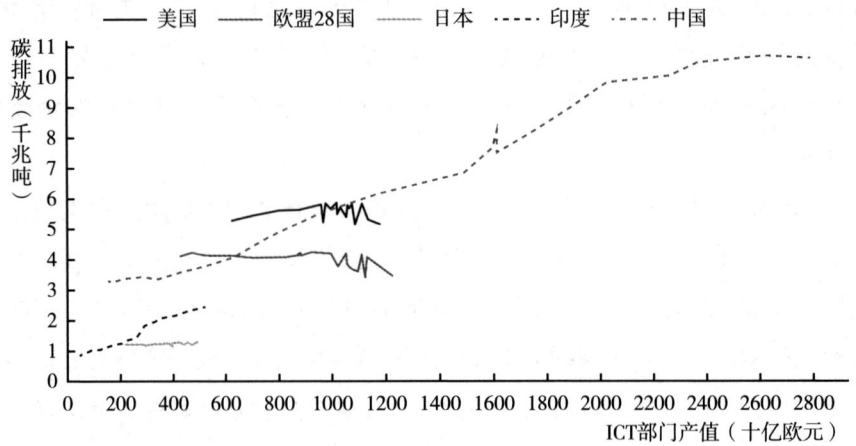

（2）1995～2015 年中国与世界主要国家（地区）ICT 部门产值与碳排放的关系

图 1   1995～2015 年中国与世界主要国家（地区）的碳排放与 ICT 部门产值

数据来源：Olivier, J. G. J., Janssens-Maenhout, G., Muntean, M. and Peters, J. A. H. W. Trends in Global CO_2 Emissions. 2016, Report.

二   ICT 部门隐含碳分析

本文对 ICT 部门隐含碳进行分析。首先，采用投入产出方法分析计算 ICT 部门及其子行业的隐含碳。其次，基于子系统分析检验 ICT 部门和非 ICT 部门之间的碳流动。进一步，采用结构路径分析揭示 ICT 部门供应链上碳积累的过程。最后，针对当前 ICT 部门进行实证研究。

（一）ICT 隐含碳分析框架

本文研究整合了几种相关的投入产出方法，设计了一个 ICT 部门隐含碳影响机制的框架（见图 2）。图 2 包含了投入产出分析（IOA）、生命周期分析（LCA）、子系统分析（SA）、结构路径分析（SPA）三种技术的分析框架。首先，构建了一个基于生产的二氧化碳排放清单，估计以化石燃料为能源的生产过程排放。基于这个排放清单，IOA 计算出 ICT 部门以及其子部门的隐含碳。其次，识别了 ICT 部门碳足迹的主要来源，子系统分析识别 ICT 部门和非 ICT 部门的隐含碳角色。结构路径分析则识别间接碳排放如何经过 ICT 供应链（也称"碳转移路径"），从主要的来源部门（非 ICT 部门）转移至 ICT 部门。最后，将 SA 和 SPA 结合起来，分析了基于消费视角的 ICT 部门隐含碳积累，解释 ICT 消费活动如何导致二氧化碳排放。

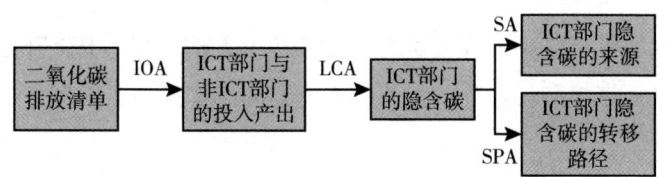

图 2 ICT 部门隐含碳分析框架及研究的技术路线

（二）ICT 隐含碳分析模型

投入产出表实际上包含了投入和消费两个视角。基本表达为式（1）：

$$x = (I - A)^{-1}y = Ly \tag{1}$$

其中 $x = (x_i)_{n \times 1}$ 是部门产出向量，$A = (A_{ij})_{n \times n}$ 是直接消耗矩阵，$A_{ij} = z_{ij} / x_j$，$L = (I - A)^{-1} = (L_{ij})_{n \times n}$ 是里昂惕夫逆矩阵；$y = (y_j)_{n \times 1}$ 是最终需求向量。

各部门最终二氧化碳是由生产部门形成的，可表示为式（2）：

$$C = fx = fLy \tag{2}$$

这里 f 是碳强度系数，$f_i = C_i / x_i$，C_i 是部门 i 的直接二氧化碳排放。总二氧化碳排放 $C = \sum_i C_i$。那么 ICT 子部门的最终需求中隐含碳可以由式（3）计算：

$$E C^I = fL \hat{y}^I \tag{3}$$

此处 $E C^I$ 是只包含了 ICT 子部门列的隐含碳，其他部分为零。$\hat{y}^I$ 是最终需求向量 $\hat{y}^I$ 的对角矩阵，也只包含了 ICT 子系统的元素，其他地方为零。

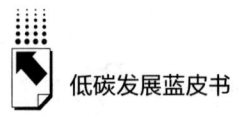
由于 ICT 是通用目的技术的系统产业，所以 SA 可以用于分析不同 ICT 子部门以及它们与非 ICT 部门的关系。可将 ICT 部门的隐含碳分为两部分：

$$ExC = f^N(A_{NN} L_{NI} + A_{NI} L_{II})y^I \tag{4}$$

$$InC = f^I(A_{IN} L_{NI} + A_{II} L_{II} + I)\, y^I \tag{5}$$

这里 ExC 是 ICT 子部门购买活动引致的非 ICT 部门碳排放，InC 是 ICT 子部门形成的碳排放。上标 I 和 N 分别表示 ICT 部门和非 ICT 部门。二氧化碳排放清单、直接消耗矩阵、里昂惕夫逆矩阵，都按照 ICT 和非 ICT 部门进行划分。

为了揭示二氧化碳是如何沿着 ICT 供应链转移的，这里采用 SPA 技术进行分析。采用泰勒级数近似扩展里昂惕夫逆矩阵，式（3）中 ICT 部门的隐含碳可以写为：

$$E\, C^I = \underbrace{fI\, \dot{y}^I}_{\text{直接排放}} + \underbrace{f A^1\, \dot{y}^I + f A^2\, \dot{y}^I + f A^3\, \dot{y}^I}_{\text{供应链上的间接排放}} + \cdots \tag{6}$$

一般来说，在第 0 层时，有 n 条路径可以形成供应链，第一层有 $n \times n$ 路径，第二层有 $(n \times n)^2$ 条路径，供应链每上升一层，至少可以获得级数级递增的路径。

（三）数据来源及处理

本文采用的投入产出数据来自 2002 年、2007 年、2012 年三年的全国投入产出表（价值量），以 2002 年不变价格为基期将投入产出表数据处理为可比状态。其中 2002 年投入产出表包含 122 个部门，2007 年包含 135 个部门，2012 年包含 139 个部门。为分析结果时序可比，将三年的投入产出表统一合并调整为 105 个部门，并进一步合并分为 7 个 ICT 部门和 21 个非 ICT 部门（见表 1）。农业部门和工业生产部门的价格指数采用"生产者价格指数"进行平减，"服务业"采用"居民消费价格指数"进行平减，ICT 制造业（编号 1~5）采用"电子设备指数"进行平减，ICT 服务业（编号 6~7）采用"通信服务指数"进行平减。

表 1　ICT 部门和非 ICT 部门编号

部门编号	大类部门	小类部门	部门名称
0		ICT 汇总	ICT 部门
1			电子计算机整机制造业
2		ICT 制造业	通信设备制造业
3	ICT 部门		家用视听设备制造业
4			电子元器件及其他设备制造业
5			其他通信、电子设备制造业
6		ICT 服务业	软件及其他信息技术服务业
7			电信和其他信息传输服务业
8			农林牧副渔业
9			采掘业
10			食品和烟草制造业
11			纺织制造业
12			家具制造业
13			造纸和纸制品业
14			石油、煤炭及其他燃料加工业
15			化学原料和化学制品制造业
16			非金属矿物制品业
17			金属冶炼和压延加工业
18	非 ICT 部门	—	金属制品业
19			通用设备制造业
20			专用设备制造业
21			运输设备制造业
22			电气机械和器材制造业
23			仪器仪表制造业
24			其他制造业
25			电力、热力、燃气及水生产供应业
26			建筑业
27			交通运输仓储邮政业
28			服务业

本文采用的 2002~2012 年部门二氧化碳排放清单数据来自 CEADs 数据库。

（四）结果及分析

1. ICT 部门的隐含碳

根据式（3）计算获得 ICT 部门及其子部门、非 ICT 部门的隐含碳。根

据测算结果（见图3），建筑业（编号26）、服务业（编号28）及部分制造业（编号10、11、15、20、21、22等）隐含碳排放较高，ICT部门（编号0）整体的隐含碳排放则呈现明显的逐年增加趋势，平均隐含碳位于28个部门中的第5位，仅次于建筑业、服务业、运输设备制造业和电力、热力、燃气及水生产供应业，2012年ICT部门的隐含碳占全国隐含碳的4%。随着ICT部门的进一步扩张，中国ICT部门的隐含碳不容忽视。

编号	行业	年份			隐含碳（百万吨）		
		2002年	2007年	2012年	▪		4
0	ICT部门	▫	▫	▫	◾		1000
1	电子计算机整机制造业	▪	▪	▪	◼		2000
2	通信设备制造业	▪	▪	▪	◼		3263
3	家用视听设备制造业	▪	▪	▪			
4	电子元器件及其他设备制造业	▪	▪	▪			
5	其他通信、电子设备制造业	▪	▪	▪			
6	软件及其他信息技术服务业	▪	▪	▪			
7	电信和其他信息传输服务业	▪	▪	▪			
8	农林牧副渔业	▫	▫	▫			
9	采掘业	▪	▪	▪			
10	食品和烟草制造业	▫	▫	▫			
11	纺织制造业	▫	▫	▫			
12	家具制造业	▪	▪	▪			
13	造纸和纸制品业	▪	▪	▪			
14	石油、煤炭及其他燃料加工业	▪	▪	▪			
15	化学原料和化学制品制造业	▫	▫	▫			
16	非金属矿物制品业	▫	▫	▫			
17	金属冶炼和压延加工业	▪	▫	▫			
18	金属制品业	▪	▫	▫			
19	通用设备制造业	▪	▫	▫			
20	专用设备制造业	▫	▫	▫			
21	运输设备制造业	▪	▫	▫			
22	电气机械及器材制造业	▪	▫	▫			
23	仪器仪表制造业	▪	▪	▪			
24	其他制造业	▪	▪	▪			
25	电力、热力、燃气及水生产供应业	▫	▫	▫			
26	建筑业	◻	◻	◻			
27	交通运输仓储邮政业	▫	▫	▫			
28	服务业	◻	◻	◻			

图3　2002~2012年分行业隐含碳结果

数据来源：根据模型测算。

　　ICT 部门及其子部门隐含碳排放如表 2 所示。从 ICT 整体部门来看，ICT 部门隐含碳从 2002 年的 1.45 亿吨增加至 2012 年 3.57 亿吨，年均增速 9.44%，与经济部门整体隐含碳平均增速（9.21%）基本保持一致。ICT 各子部门（编号 1~7）相对整体经济其他部门，隐含碳排放在 28 个部门中均排在后 14 位。

　　从 ICT 子部门来看，一是 ICT 制造业隐含碳排放量显著高于 ICT 服务业排放量。其中电子计算机整机制造业是 ICT 子部门中隐含碳排放量最大的行业，2002~2012 年平均隐含碳为 0.81 亿吨，约占 ICT 部门总排放量的 30%，主要是由于电子计算机整机制造业涉及的产业链较长，涉及的生产部门多。ICT 服务业平均占 ICT 部门总隐含碳排放的 17%。二是 ICT 子行业隐含碳增速较快。电子元器件及其他设备制造业和软件及其他信息技术服务业隐含碳的年均增速分别高达 15.35% 和 25.04%。其中，软件及其他信息技术服务业隐含碳从 2002 年的 0.05 亿吨增加至 2012 年的 0.44 亿吨，是 28 个行业部门中隐含碳增幅最快的部门。

表 2　ICT 部门及其子部门隐含碳排放（2002~2012 年）

部门编号	部门名称	隐含碳（百万吨）			年均增速（%）	均值（百万吨）	均值排名
		2002 年	2007 年	2012 年			
1	电子计算机整机制造业	44.0	107.8	91.0	7.53	80.9	17
2	通信设备制造业	37.6	79.7	83.8	8.34	67.0	19
3	家用视听设备制造业	26.2	45.8	47.3	6.09	39.8	21
4	电子元器件及其他设备制造业	11.8	39.9	49.2	15.35	33.6	22
5	其他通信、电子设备制造业	6.5	5.7	4.3	-4.05	5.5	29
6	软件及其他信息技术服务业	4.7	14.2	43.9	25.04	20.9	27
7	电信和其他信息传输服务业	14.0	24.5	37.2	10.27	25.2	24
0	ICT 部门	144.7	317.6	356.7	9.44	273.0	5
—	经济部门整体	3653.4	6911.6	8820.2	9.21	6461.7	—

数据来源：根据模型测算。

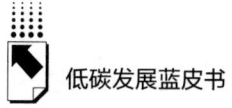
2. ICT 部门隐含碳的构成

隐含碳由直接碳排放和间接碳排放组成，且间接碳排放显著高于直接碳排放。直接碳排放主要是指 ICT 部门自身生产排放的二氧化碳，间接碳排放主要是指满足 ICT 及其子部门生产需要所引致的其他非 ICT 部门生产排放的二氧化碳。根据式（4）和式（5）测算 ICT 部门的直接碳排放和间接碳排放，结果表明，ICT 部门的间接碳排放占隐含碳排放总量的97.4%，各个子部门的间接碳排放占隐含碳排放总量的比重均在94%以上（见图4、表3）。其中，ICT 制造业中电子计算机整机制造业和通信设备制造业两个部门的间接排放几乎是直接排放的几十倍，ICT 服务业的间接碳排放也是直接排放的4倍以上。ICT 部门远非看上去的那么"绿"，如果仅靠 ICT 部门自身的直接碳排放衡量，不加管制地进行投资、行业扩张，将引发较严重的二氧化碳排放问题。

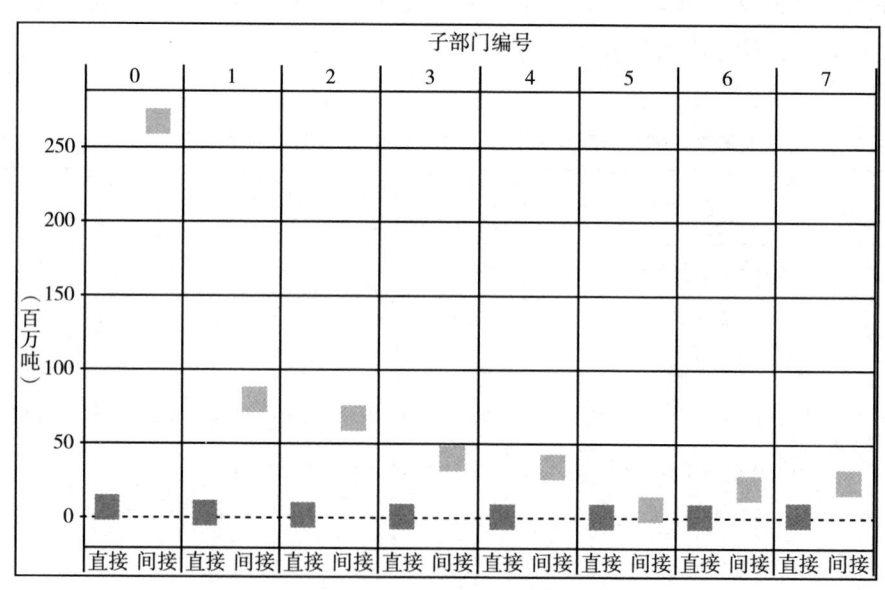

图4 ICT 部门及其子部门直接碳排放和间接碳排放结构

数据来源：根据模型测算。

表3 ICT部门及其子部门隐含碳排放

| 部门编号 | 碳排放（百万吨） | | | | | | | | | 2002～2012平均占比（%） | |
| | 2002年 | | | 2007年 | | | 2012年 | | | 直接排放占比 | 间接排放占比 |
	直接排放	间接排放	隐含碳排放	直接排放	间接排放	隐含碳排放	直接排放	间接排放	隐含碳排放		
1	1.5	42.5	44.0	3.1	104.6	107.7	1.4	89.6	91.0	2.65	97.35
2	1.2	36.4	37.6	1.7	78.1	79.8	1.0	82.8	83.8	2.17	97.83
3	0.8	25.4	26.2	1.0	44.8	45.8	0.6	46.7	47.3	2.13	97.87
4	0.3	11.5	11.8	0.8	39.2	40.0	0.6	48.6	49.2	1.85	98.15
5	0.2	6.3	6.5	0.1	5.6	5.7	0.0	4.3	4.3	2.05	97.95
6	0.1	4.6	4.7	0.2	13.8	14.0	0.4	43.6	44.0	1.68	98.32
7	1.2	12.8	14.0	1.3	23.8	25.1	1.1	36.1	37.2	5.46	94.54
0	5.3	139.4	144.7	8.2	309.9	318.1	5.0	351.7	356.7	2.56	97.44

数据来源：根据模型测算。

3. ICT部门隐含碳的来源及路径

根据式（6），将各部门的隐含碳来源及传递路径进行分解。结果表明，ICT部门几乎与经济体所有生产部门相关，主要隐含碳的来源部门是电力、热力、燃气及水生产供应业（编号25）、金属冶炼和压延加工业（编号17）、非金属矿物制品业（编号16）、化学原料和化学制品制造业（编号15）及交通运输仓储邮政业（编号27）（见图5）。

电力、热力、燃气及水生产供应业（编号25）贡献了ICT部门绝大多数的隐含碳（1.37亿吨，约占38.5%），主要是因为ICT部门加速经济体电气化，而中国电力热力的能源来源以煤炭为主，引发ICT供应链上相关部门的碳排放，继而导致ICT部门间接碳排放高。因此，促进电力、热力、燃气及水生产供应业的能源转型，是有效减少ICT部门隐含碳的主要措施。

金属冶炼和压延加工业（编号17）、非金属矿物制品业（编号16）、化学原料和化学制品制造业（编号15）是ICT制造业的主要资源来源部门。ICT部门的扩张，必然引发上游资源制造业部门扩张，继而导致碳排放增加。因此，在能源转型未彻底转向可再生能源之前，ICT部门的扩张尤其要重视供应链节能减排管理，特别应提高基础资源供给部门的减排技术投资，

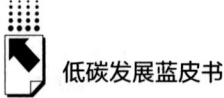
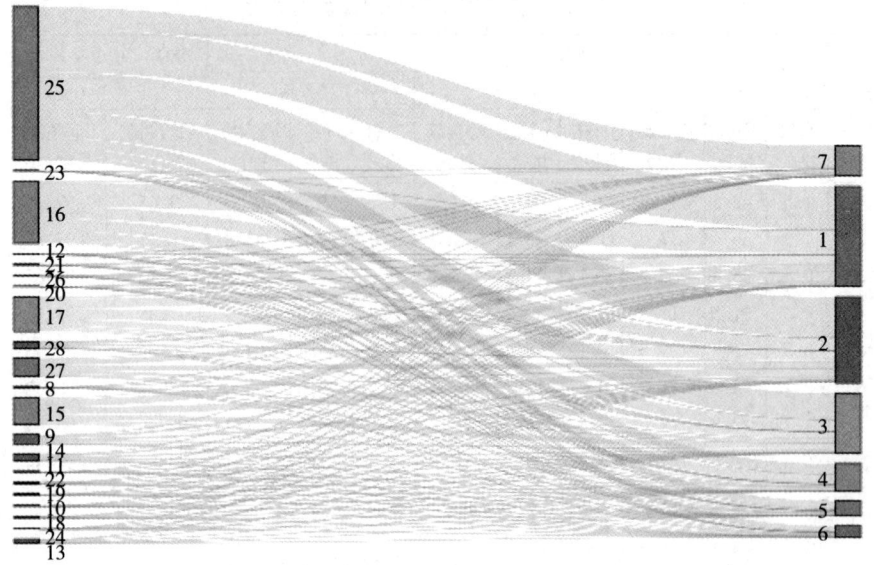

（1）2002 年 ICT 部门隐含碳来源

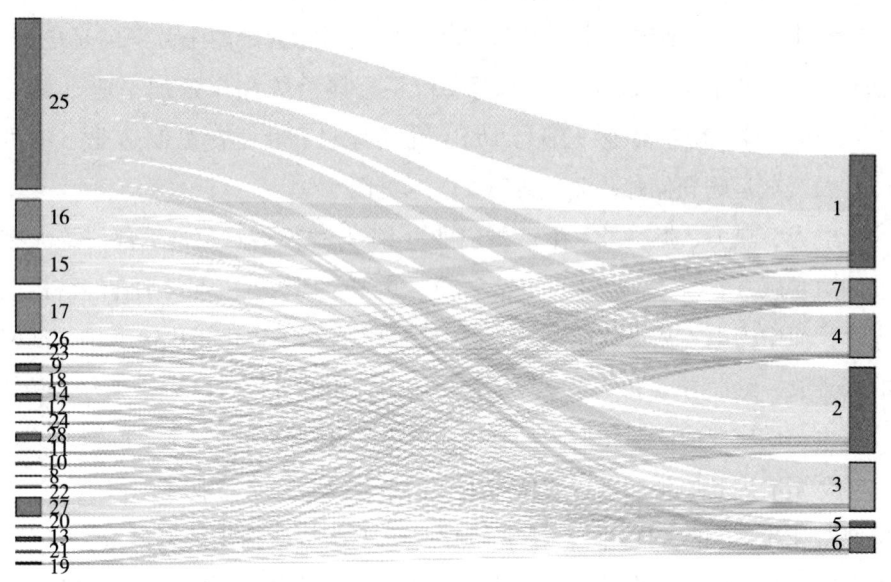

（2）2007 年 ICT 部门隐含碳来源

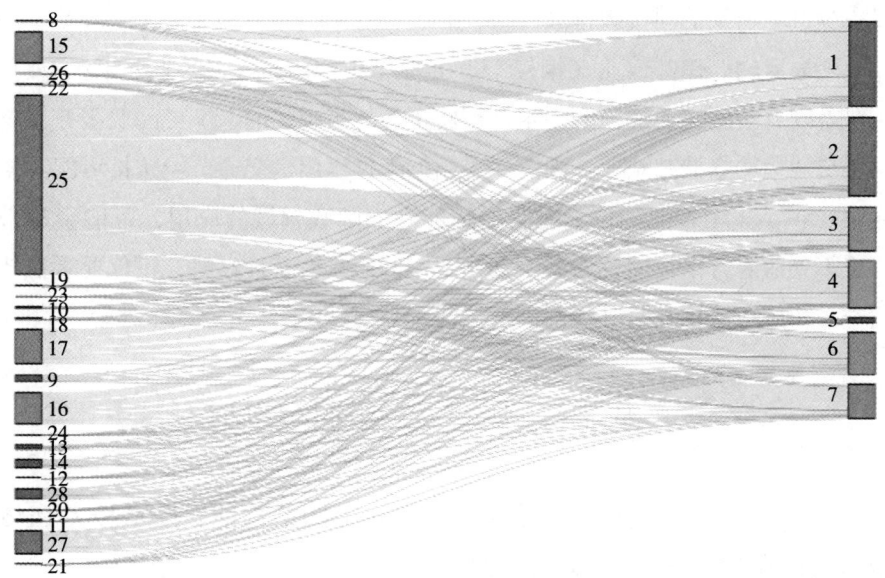

（3）2012 年 ICT 部门隐含碳来源

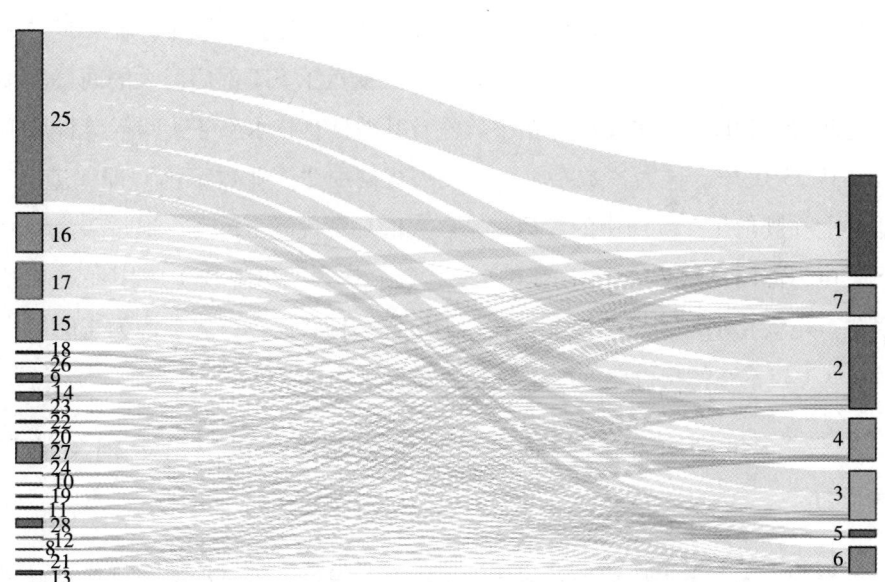

（4）2002～2012 年 ICT 部门隐含碳来源

图 5　2002～2012 年 ICT 部门隐含碳来源的桑基图

数据来源：根据模型测算。

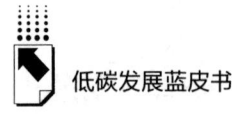

以减少 ICT 引发的间接碳排放。

交通运输仓储邮政业（编号 27）也是 ICT 部门隐含碳的主要来源部门，主要是随着中国交通部门的技术升级转型，越来越多的 ICT 产品及服务被应用于交通运输仓储邮政业。因此，采纳 ICT 技术促进交通节能减排可能需要谨慎。5G、人工智能等技术在交通运输仓储邮政领域的应用，可能会带来意想不到的隐含碳。因此，基于部门视角的碳排放管理策略，不仅要重视部门本身，还应考虑其与其他部门的关联。

三　数字经济助力碳减排相关建议

（一）在电源结构转向可再生能源为主的结构前，ICT 技术在传统行业的应用应务必重视节能减排

ICT 部门间接碳排放是隐含碳排放的主要来源，占到 97% 以上，揭示了 ICT 部门远非只有"战略性新兴产业"和"数字经济"规划中描绘的"绿色发展"特征，ICT 部门本身的"碳友好"掩盖了 ICT 部门巨大的间接碳排放。2002～2012 年，ICT 服务业中软件及其他信息技术服务业间接碳排放增幅高达 25.04%。这为"数字经济"发展规划中"产业数字化"即促进 ICT 服务业在其他生产部门中的渗透带来巨大的环境挑战。再者，通过碳流动分析，电力部门贡献了约 35% 的 ICT 隐含碳。这表明 ICT 技术应用促进了经济生产电气化水平的持续提高，在电力电源结构转向可再生能源为主的结构前，ICT 技术在传统行业的应用，务必要重视节能减排。

（二）推动 ICT 部门碳减排要加强与生产供应链上相关部门的联动

近些年关于 ICT 产业及其应用的节能减排策略，依然停留在行业自身层面。例如，工信部《关于加强"十三五"信息通信业节能减排工作的指导意见》《电子信息制造业绿色工厂评价导则》等政策标准均是针对 ICT 部门本身的节能减排规制。根据本研究的发现，ICT 部门碳减排管理的重点应在

于与其他部门的关联、生产供应链管理上，忽略供应链管理、行业关联、部门减排策略的制定等，仅大规模扶持 ICT 部门，对能源转型中的中国应对气候变化与实现碳中和不利。

（三）做好 ICT 部门碳减排管理应进一步完善数字经济和数字产业的统计制度

ICT 与气候变化的研究受限于统计数据，数字经济、数字技术、数字产业、ICT 等新兴技术的统计制度仍然不够健全完善，统计分析常常采用间接指标来指代数字经济发展情况，这一定程度上造成了研究成果结论的失真，影响了研究深度和广度，也将为后续 ICT 行业碳减排管理工作带来较大挑战和困难。因此，需要结合数字经济发展情况，构建完善的统计制度。

参考文献

Asongu, S. A., Le Roux, S., Biekpe, N. Enhancing ICT for environmental sustainability in sub-Saharan Africa. *Technological Forecasting and Social Change*. 2018, 127.

Asongu, S. A., Le Roux, S., Biekpe, N. Environmental degradation, ICT and inclusive development in Sub-Saharan Africa. *Energy Policy*. 2017, 111.

Berndt, E. R., Rappaport, N. J. Price and quality of desktop and mobile personal computers：A quarter-century historical overview. *American Economic Review*. 2001, 91 (2).

David, P. A., Wright, G. General purpose technologies and productivity surges：historical reflections on the future of the ICT revolution. *Economic History*. 2005, 502002.

Emmenegger, M. F., Frischknecht, R., Stutz, M., Guggisberg, M., Witschi, R., Otto, T. Life cycle assessment of the mobile communication system UMTS：towards eco-efficient systems (12 pp). *The International Journal of Life Cycle Assessment*. 2006, 11 (4).

Higón, D. A., Gholami, R., Shirazi, F. ICT and environmental sustainability：A global perspective. *Telematics and Informatics*. 2017, 34 (4).

Honée, C., Hedin, D., St-Laurent, J., Fröling, M. Environmental performance of data centres-a case study of the Swedish National Insurance Administration. 2012 IEEE Electronics Goes Green. 2012.

Joyce, P. J., Finnveden, G., Håkansson, C., Wood, R. A multi-impact analysis of

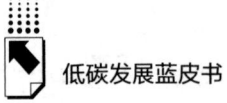
changing ICT consumption patterns for Sweden and the EU: Indirect rebound effects and evidence of decoupling. *Journal of Cleaner Production.* 2019, 211.

Miller, R. E. , Blair, P. D. Input-output analysis: foundations and extensions. Cambridge University Press. 2009.

Moyer, J. D. , Hughes, B. B. ICTs: do they contribute to increased carbon emissions? *Technological Forecasting and Social Change.* 2012, 79 (5).

Pohl, J. , Hilty, L. M. , Finkbeiner, M. How LCA contributes to the environmental assessment of higher order effects of ICT application: A review of different approaches. *Journal of Cleaner Production.* 2019, 219.

Simon J. , Farrer P. The ICT Landscape in Brazil, India, and China. Publications Office of the European Union. 2014.

Su, B. , Ang, B. W. Input‐output analysis of CO_2 emissions embodied in trade: A multi-region model for China. *Applied Energy.* 2014, 114.

Thakur, S. , Chaurasia, A. Towards green cloud computing: Impact of carbon footprint on environment. 2016 6th IEEE International Conference-cloud System and Big Data Engineering (Confluence) . 2016.

Weber, C. L. , Olivetti, E. A. , Williams, E. D. Data and methodological needs to assess uncertainty in the carbon footprint of ICT products. Proceedings of the 2010 IEEE International Symposium on Sustainable Systems and Technology. 2010.

Zhou, X. , Zhou, D. , Wang, Q. , Su, B. How information and communication technology drives carbon emissions: a sector-level analysis for China. *Energy Economics.* 2019, 81.

B.13
中国碳中和愿景与经济高质量发展报告

姚昕 龙厚印*

摘　要： 实现碳达峰、碳中和是一场广泛而深刻的经济社会系统性变革，与能源转型升级和经济高质量发展息息相关。随着我国工业化和城镇化发展，区域经济发展对高耗能产业表现出一定的依赖性。进入新发展阶段，我国经济由高速增长阶段转向高质量发展阶段，对高质量能源体系支撑提出了更高要求，能源结构与经济结构转型升级迫在眉睫。当前，我国致力于推动能源清洁低碳转型，为碳中和愿景实现提供了清洁发展路径、清洁能源技术、制度政策保障。经济高质量发展要求碳中和愿景与经济发展相协同，需要我们坚持系统观念，推动考核指标优化、产业结构升级、市场融合发展、绿色技术创新。

关键词： 碳中和　能源经济　高质量发展　转型升级

近年来，人类活动排放大量温室气体引起全球气候变暖，进而导致极端天气和自然灾害发生频率和强度显著增加，对人类的生存和发展造成巨大的威胁，共同应对气候变化已成为国际社会的共识。2020 年 9 月 22 日，习近平主席在第七十五届联合国大会一般性辩论上庄严承诺，中国二氧化碳排放力争于 2030 年前达到峰值，努力争取 2060 年前实现碳中和，展现了我国作

---

* 姚昕，能源经济学博士，厦门大学教授，主要研究领域为能源经济；龙厚印，能源经济学博士，福州大学副教授，主要研究领域为能源经济、环境经济、电力经济。

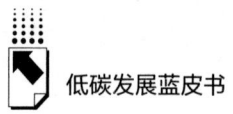

为人类命运共同体的提出者和实践者的担当。

进入新发展阶段，我国经济由高速增长转向高质量发展，对高质量能源体系支撑提出了更高要求。碳中和愿景不仅是我国应对气候变化的庄严承诺，更是一场涉及能源系统优化和经济发展方式转变的系统性变革。如何平衡经济发展和能源结构转型的矛盾、走出一条既能实现碳中和愿景又能满足经济高质量发展要求的道路，已成为亟待解决的重要课题。本文在分析碳中和愿景实现的挑战与保障的基础上，对碳中和愿景与经济协同发展进行深入剖析，为我国碳中和愿景实现和经济高质量发展提供参考。

一 碳中和愿景面临的挑战

（一）工业化与城镇化发展对耗能产业存在经济惯性

从世界各国经济发展阶段来看，一般需经历三个阶段和六个时期，如表1所示。1978～2011年，我国经历了工业化初期和工业化中期，产业逐步由劳动密集型转向资本密集型。2012年以来，我国进入工业化后期阶段，第三产业加快发展。但伴随着工业化和城镇化的发展，对钢铁、水泥等高耗能、高排放产业依存度较高。我国2020年城镇化率为60%，预计2035年将增长到70%，我国未来10～15年工业化和城镇化进程依然明显。此外，我国经济处于产业结构转型期，部分地区经济发展仍然依赖传统产业，国际贸易分工使我国很长一段时间处于链条低端，区域经济发展对低端高耗能产业的路径依赖亟须转变。

表1 经济发展阶段及主要产业

初期阶段		中期阶段		后期阶段	
农业社会时期	工业化初期	工业化中期	工业化后期	后工业时期	现代化时期
以农业生产为主	以劳动密集型产业为主	以资本密集型产业为主	以第三产业新兴服务业为主	以技术密集型产业为主	以知识密集型产业为主

（二）我国能源需求在经济发展中呈现刚性增长

1978～2020 年我国能源与电力消费高速增长。自 1978 年改革开放以来，我国经济取得举世瞩目的成就，GDP 总量由全世界第 11 位上升到第 2 位，2020 年 GDP 总量突破 100 万亿元。伴随经济高速发展，对能源需求呈现刚性特点，我国能源消费量由 1978 年的 5.7 亿吨标准煤增加到 2020 年的 49.7 亿吨标准煤，其中电力消费量由 1978 年的 2498 亿千瓦时增加到 2020 年的 75110 亿千瓦时。能源是现代经济运行不可或缺的投入要素，为经济社会的发展提供了基本动力，从日本、韩国、德国等发达国家经济增长与能源消费特征看，经济增长与能源消费增速呈正相关关系。2050 年我国 GDP 总量有望达到世界的 40%，预计 2021～2060 年我国能源与电力消费仍将保持中速增长。主要国家经济增长与能源消费情况如表 2 所示。

表 2　主要国家经济增长与能源消费

类型	国家	高速区间	平均增速（%）	中速区间	平均增速（%）	低速区间	平均增速（%）
经济增长	日本	1960～1970 年	9.2	1971～2008 年	2.9	2008 年至今	0.9
	韩国	1960～1991 年	8.5	1992 年至今	5.0	—	—
	美国	—	—	1960～2007 年	3.3	2008 年至今	1.1
	德国	1950～1970 年	6.7	1971～1990 年	2.6	1991 年至今	1.4
	中国	1990～2011 年	13.2	2012～2019 年	7.0		
能源消费	日本	1960～1970 年	12.6	1971～2008 年	2.7	2009 年至今	-1.8
	韩国	1960～1991 年	11.2	1992 年至今	4.0	—	—
	美国	—	—	1960～2007 年	2.8	2008 年至今	-0.2
	德国	1950～1970 年	10.0	1971～1990 年	2.4	1991 年至今	0.7
	中国	1990～2011 年	9.3	2012～2019 年	1.76	—	—

数据来源：世界银行、BP 世界能源统计。

（三）以化石能源为主的能源结构引致碳排放问题

由于资源禀赋原因，长期以来我国能源消费结构以煤炭消费为主。相对便宜的能源价格，使得不少地区的经济增长和产业发展过度依赖低价能源，能源开发模式和利用效率依然较低，同时带来高碳排放问题。在 1997 ~ 2011 年粗放式发展阶段，我国碳排放量由 29.4 亿吨上升到 92.4 亿吨，在 2012 ~ 2018 年绿色经济转型阶段，碳排放量由 95.0 亿吨增加到 105 亿吨。[①] 预计 2030 年全国碳排放峰量将达 110 亿吨。

（四）我国实现碳中和愿景时间紧、任务重

从发达国家经验来看，从碳达峰到碳中和时间跨度基本超过 50 年，而我国从碳达峰到碳中和的时间跨度仅为 30 年。为实现碳中和愿景，一方面要控制和减少碳排放，另一方面要增加和促进碳吸收。而能源消费与经济活动是控制和减少碳排放的关键环节，能源结构与经济结构转型升级迫在眉睫。

二 碳中和愿景实现的保障

（一）发展路径保障

我国能源结构清洁化为碳中和提供路径。能源中煤炭占比由 2007 年的 72.5% 下降到 2019 年的 57.7%，油气占比由 2007 年的 20% 上升到 2019 年的 27%，清洁能源占比由 2007 年的 7.4% 增加到 2019 年的 15.3%。总体来看，我国能源结构逐步向清洁化发展，短期内油气资源和可再生能源对煤炭进行替代，长期看可再生能源将对煤炭和油气进行替代。

（二）能源技术保障

可再生能源发展为碳中和提供契机。可再生能源以光伏、陆上风电和近

---

① 2018 年以前我国碳排放历史数据来自 CEADs 数据库，2018 年以后我国碳排放数据为笔者测算。

海风电为主，随着可再生能源装机规模扩大和技术进步，可再生能源装机成本逐年下降。福建省陆上风电、光伏已经实现平价上网，海上风电预计2030年后逐步实现平价上网，将为清洁替代提供保障。

（三）制度政策保障

我国制度优势为碳中和提供保障。我国具有党统一领导、集中力量办大事的制度优势，能够有效统筹全国各地区、各行业力量，为碳中和提供坚强领导和组织保障。为加快推动碳达峰、碳中和，我国制定了一系列政策与配套机制，如《能源生产和消费革命战略（2016～2030）》，明确能源消费总量、非化石能源占比、单位 GDP 二氧化碳排放等目标要求，有力地支撑了碳中和愿景的实现。

三　经济高质量发展要求碳中和愿景与经济发展相协同

由于较高的达峰排放量将带来未来较高的碳中和成本，经济高质量发展与碳达峰、碳中和时间息息相关。中国 21 世纪最具挑战性的问题不是疫情带来的经济增长速度减慢，而是如何保证经济持续健康增长的同时实现碳中和愿景。要实现碳中和愿景，需要正确认识其与经济发展之间的平衡，协调两者之间的关系。如何在碳中和目标下实现经济转型是世界各国的共同课题，即使是市场经济体制完善、生产力达到一定水平的发达国家，在面临气候变化压力时，也存在经济体制绿色低碳转型的问题。2021 年 4 月 22 日，习近平主席在领导人气候峰会中指出，中国以生态文明思想为指导，贯彻新发展理念，以经济社会发展全面绿色转型为引领，以能源绿色低碳发展为关键，坚持走生态优先、绿色低碳的发展道路。这要求我们从系统角度推进中国碳中和愿景与经济转型的结合，实现考核指标转变、经济增长方式转变、产业结构升级。

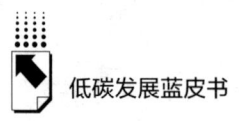
（一）科学构建包含碳排放的地方经济发展考核新指标

作为未来几十年绿色发展的重要内容，碳中和愿景的逐步实现将成为各级政府的重要任务，并直接纳入政府考核指标中，进而对地方政府行为产生约束和指引作用。碳中和目标将逐步成为绿色经济发展的重要动力，将充分调动地方政府节能减排和环境保护的积极性。长期以来，我国以GDP为核心的"锦标赛"式体制使得部分地方政府过度追求经济增长单一目标，并通过行政手段将投资引导到能够在短期内快速带来GDP回报的产业，但这种粗放型增长模式显然与绿色发展相违背。新的形势下，对于政府考核不再是单一的经济增长任务，而是考虑经济、社会、生活质量等综合性指标。

（二）逐步推进产业结构升级新路径

碳中和愿景的实现不是给发展设置阻碍，而是从新的产业升级的角度，促使"减碳"任务的完成和社会经济高质量发展目标的实现。碳中和目标约束下进一步平衡经济增长速度与经济转型升级，是摆在政策制定者面前的重点难点。在全球经济增长放缓和努力实现碳中和背景下，推动绿色产业成长为突破口也是刺激经济增长极为有力的手段。可再生能源替代化石能源路径，使能源供给由西部向东部供给方式转变为东西部同时供给的局面，核电产业、储能产业、储能运输业、近海风电和远海风电、节能产业、碳捕集和碳封存产业等新兴产业将成为经济新增长点。低碳产业与新金融产品紧密结合，为绿色产业发展提供融资等金融保障。信息化、数字化和人工智能与能源原材料、碳排放量、节能以及能源调度等结合，为绿色产业发展提供技术保障。

（三）全面推动"一带一路"与碳中和产业新结合

我国在风力和光伏发电、锂离子电池、5G、互联网等领域都具有领先优势，涉及新能源技术、绿色生产技术、绿色建筑、智能电网、智慧交通等一系列战略新兴产业的创新发展，具有巨大的国际贸易空间和潜能。"一带

一路"是我国对外贸易的新路径，可将我国碳中和相关的新兴产业与相关国家产业发展紧密结合，服务于相关国家节能、储能、新能源、核能等低碳产业发展。

（四）有序拓展能源市场和碳排放市场新融合

我国能源市场相对割裂，能源消费的计量由不同公司负责，能源定价仅仅根据各自品种供需进行定价，能源的碳排放未体现在能源价格中。有待推动构建综合性能源品种市场与碳排放市场，建立统一的电力、煤炭、石油、天然气等消费数据库，实现能源消费量和能源碳排放量的阶梯价格。近期"支持重点行业、重点企业率先达峰"的政策要求，通过建立碳税等制度，倒逼企业进入碳市场，推动企业节能和技术升级，减少碳排放。中期强化供给侧结构性改革，实现油气能源和可再生能源对煤炭的替代。远期推动生产侧与消费侧结合，建立统一能源碳排放综合管理市场，使用以能源消费量和碳排放量为基础的价格工具，在电源侧实现可再生能源对化石能源替代，并推动消费侧积极参与双控行动。

（五）不断促进国家和企业创造碳中和相关新技术

在碳中和愿景的实现过程中，技术创新是其成本降低的基本路径。以光伏为例，研究表明，光伏组件成本学习率为20%左右，即累计产量扩大一倍，成本下降约20%。碳中和愿景实现相应的技术创新对能源使用成本和CCUS成本降低的推动是确定且永久的。实现碳中和目标需要技术创新的支撑和各类技术的突破，需要加强深度脱碳技术研发和产业化，积极应对全球碳中和导向下国际低碳技术竞争。企业进行绿色技术创新，其生产经营等活动所消耗的包括传统化石能源在内的自然资源将大大减少，由企业活动所造成的环境污染也因此降低，给社会带来的收益远远高于企业自身利益。考虑到碳中和相关各类技术的巨大发展需求，政府更应当尽早地、更积极地确定长期技术创新支持政策，激发技术创新动力。

综上所述，碳中和将改变我国企业生产方式和个人生活方式，其意义不

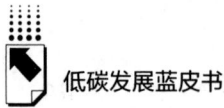
亚于 1978 年的改革开放。碳中和是我国对世界的庄严承诺，体现了我国为建立人类命运共同体所做的努力。这既给我国经济带来冲击，又催生新的低碳绿色产业发展，形成新的增长点，实现碳中和与经济协同发展是我国经济高质量发展的必然要求。

参考文献

何建坤：《全球气候治理新形势及我国对策》，《环境经济研究》2019 年第 3 期。

林伯强：《发展清洁能源需要技术创新》，《中国科学报》2015 年 1 月 6 日，第 6 版。

国际借鉴篇

Reports on International Experience

B.14
发达国家（地区）推动绿色低碳
发展的经验与启示

李益楠　陈柯任　施鹏佳*

摘　要： 自1992年《联合国气候变化框架公约》诞生以来，推动绿色低
碳发展已经成为全球众多国家的共识。发达国家（地区）的减
排之路起步较早，在构建战略目标体系、建立政策法规体系、
完善市场激励机制、突破节能减排技术、推行循环经济等领域
已积累了丰富的经验，对福建省完善政策体系、优化市场机
制、加快技术创新、发展循环经济具有重要借鉴意义。

关键词： 发达国家（地区）　绿色低碳　减排技术　循环经济

---

* 李益楠，工学硕士，国网福建省电力有限公司经济技术研究院，主要研究领域为能源经济、
能源战略与政策；陈柯任，工学博士，国网福建省电力有限公司经济技术研究院，主要研究
领域为能源经济、低碳技术、能源战略与政策；施鹏佳，工学硕士，国网福建省电力有限公
司经济技术研究院，主要研究领域为配电网规划、企业管理。

自 1992 年《联合国气候变化框架公约》诞生以来，推动绿色低碳发展已经成为全球众多国家的共识。近年来，我国持续加大力度推进节能减排工作。2020 年 9 月习近平主席向全球郑重承诺中国将在 2030 年前实现碳达峰、在 2060 年前实现碳中和；2020 年 12 月习近平主席在气候雄心峰会上进一步宣布"到 2030 年，中国单位国内生产总值二氧化碳排放将比 2005 年下降 65% 以上"。发达国家（地区）的减排之路起步较早，相关法规制度较为健全，已积累了丰富的经验，研究发达国家的减排举措对福建省推动绿色低碳发展、早日实现碳中和具有重要意义。

一 发达国家（地区）碳排放现状及减排目标

（一）欧盟

作为低碳经济的先行者，欧盟大部分国家在 2010 年前已实现了碳达峰，其中德国达峰时间早于 1990 年。2019 年，欧盟各国政府就 2050 年实现碳净零排放达成协议，德国等 10 个发达国家通过法律、政策明确了净零排放的目标，实现时间在 2035~2050 年（见表 1）。

表 1 欧盟 10 个发达国家碳减排目标

国家	目标年份	承诺类型	承诺性质
芬 兰	2035	碳中和	执政党联盟协议
奥地利	2040	气候中性	政策宣示
瑞 典	2045	净零排放	法律规定
爱尔兰	2050	净零排放	执政党联盟协议
葡萄牙	2050	净零排放	政策宣示
西班牙	2050	零碳排放	法律草案
斯洛伐克	2050	气候中性	自主减排承诺
丹 麦	2050	气候中性	法律规定
法 国	2050	碳中和	法律规定
德 国	2050	温室气体中性	法律规定

数据来源：国网能源研究院有限公司编著：《全球能源分析与展望（2020）》，中国电力出版社，2020。

（二）美国

美国作为仅次于中国的温室气体排放大国，在 2007 年就已经实现碳达峰。奥巴马执政期间，美国尤其重视二氧化碳减排，仅 2015 年上半年就出台了 40 项减排新举措，并承诺到 2025 年比 2005 年减少 26% ~ 28% 的碳排放。特朗普上任后宣布美国退出《巴黎协定》，但仍有 50 个州、上百个城市和上千家公司自主制定了减少温室气体排放的目标，其中加州宣布于 2045 年实现碳中和。拜登就任总统后，美国重新加入应对气候变化的《巴黎协定》，并承诺"到 2035 年，通过向可再生能源过渡实现无碳发电；到 2050 年，实现碳中和"。

（三）日本

21 世纪以来，日本碳排放总量稳定维持在 11 亿 ~ 13 亿吨，逐步实现碳排放与经济增长脱钩。2020 年 10 月，日本宣布"到 2050 年国内温室气体排放达到实质上为零"。

二 发达国家（地区）推动绿色低碳发展的主要举措

（一）构建战略目标体系，科学规划减排路径

随着大气污染日趋严重，众多国家将减排上升到战略层面（见表 2）。自 2007 年起，欧盟陆续制定和发布了 2020 年、2030 年和 2050 年可再生能源占比、能效提升比例、温室气体减排等目标，形成一套多维覆盖、协同提高的能源与气候发展战略目标体系。2007 年，欧盟发布《2020 年气候和能源一揽子计划》，是欧盟区域内第一个为解决减排问题和能源行业变革所制定的计划；随后，欧盟又陆续发布了《2030 年气候与能源政策框架》（2014 年）、《清洁能源一揽子计划》（2018 年）、《在欧洲建设一个繁荣、现代、富有竞争力的气候中性经济体的长期战略愿景》（2018 年）等应对气候变化

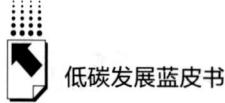

目标的战略文件。其中，《清洁能源一揽子计划》包含的《能源联盟与气候行动治理条例》要求，各成员国于 2019 年底提交十年期（2021～2030 年）《国家能源和气候规划》（NECPs），说明其实现 2030 年的能源效率和可再生能源目标的方式，并每两年提交一次进展报告，旨在推动各成员国为实现欧盟 2030 年能源与气候目标贡献力量。2019 年底，欧盟发布《欧洲绿色新政》，以 2050 年温室气体实现净零排放为战略目标，提出了涵盖能源、工业、建筑、交通、农业、生态保护和生物多样性、环境等七大领域的全经济领域可持续转型战略。

表 2　欧盟能源与气候发展主要战略及目标

主要战略	主要目标
《2020 年气候和能源一揽子计划》(2007 年)	"三个 20%"： (1)2020 年温室气体排放量比 1990 年减少 20%（条件允许则 30%）； (2)2020 年可再生能源占终端能源总消费比重提高到 20%，在交通领域提高到 10%； (3)2020 年能源效率相比 1990 年提高 20%。
《2050 年能源路线图》(2011 年)	2050 年目标：2050 年实现温室气体比 1990 年减少 80%～95%。 四条技术路径： (1)提高能源效率； (2)发展可再生能源； (3)发展核能； (4)发展碳捕集与封存技术。
《2030 年气候与能源政策框架》(2014 年)	三大目标： (1)2030 年温室气体排放比 1990 年减少 40%； (2)2030 年可再生能源占比至少提高到 27%； (3)2030 年能源效率相比 1990 年至少提高 27%。
《清洁能源一揽子计划》(2018 年)	上调可再生能源和能效目标： (1)2030 年可再生能源占比目标上调至 32%； (2)2030 年能源效率提升目标上调至 32.5%。
《欧洲绿色新政》(2019 年)	上调减排目标： (1)2030 年温室气体排放比 1990 年减少 50%～55%； (2)2050 年温室气体实现净零排放。

数据来源：国网能源研究院有限公司编著：《全球能源分析与展望（2020）》，中国电力出版社，2020。

在欧盟战略的基础上，德国、法国等国家结合本国情况，以立法方式明确了煤电退出时间、可再生能源发电量占比等中长期能源转型目标，如德国《可再生能源法》《能源税法》《气候保护法》、法国《绿色增长能源转型法》、芬兰《气候变化法》、丹麦《气候法案》等，有效提高了能源战略的连续性和可操作性。

2018 年，日本政府根据《巴黎协定》减排目标，针对 2030～2050 年能源发展规划，发布了新版《能源基本计划》，明确提出加快可再生能源发展、谨慎重启核电技术、积极推进氢燃料应用等发展路径，为加速日本能源转型指明具体实施方向。同时，新版《能源基本计划》为日本未来能源发展确立了量化目标，主要包括以下内容。（1）能耗削减。2016 年，日本能耗总量已削减 88 亿升油当量；到 2030 年，能耗总量需削减 500 亿升油当量。（2）清洁能源占比。2016 年，日本清洁能源发电量占比约为 16%；2030 年，清洁能源发电量占比提升至 44%，其中可再生能源发电量占比提升至 22%～24%，核电占比达 20%～22%，化石燃料电力占比减少至 56%。（3）二氧化碳排放量。2016 年，日本的二氧化碳排放量为 11.3 亿吨；2030 年，二氧化碳排放量削减至 9.3 亿吨。（4）电力成本。2013 年，日本的电力成本为 9.7 万亿日元；2030 年，电力成本削减到 9.2 万亿～9.5 万亿日元。（5）能源自给率。2016 年，日本的能源自给率为 8%；2030 年，能源自给率提升至 24%。

（二）出台相关政策法规，建立健全制度体系

能源消费是二氧化碳产生的主要来源，为此，各国出台了一系列能源政策推动节能减排。

一是能源效率方面，自从经历第一次石油危机以来，德国便逐渐建立和完善了能效法律与监督管理体系。德国的能效政策框架主要由欧盟的《能源效率指令》和德国的"能源转型计划"及一系列配套政策和措施构成，包括以《能源效率指令》为代表的由欧盟委员会颁布的法令；以《能源法》《节能建筑法》为代表的由德国联邦议会颁布的法律条例；以《国家能效行动计划》为代表的由德国联邦能效署颁布和实施的能效计划等三类法律构

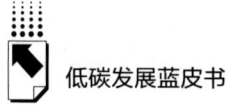
成，为德国实现能效提升提供了制度保障。

二是能源节约方面，日本把节能作为立国之策，早在 1979 年就颁布实施了《节约能源法》，明确企业必须以规定的降幅逐年降低单位产出能耗。此外，日本还建立了一套由"政府管理部门—节能专业服务（研究）机构—企业能源管理师"组成的三层节能管理和咨询体系。第一层是政府管理部门，主要是指自然资源厅下设的能源节约与可再生能源局（处）和相关的组织机构；第二层是节能专业服务（研究）机构，主要有节能中心（ECCJ，主要负责信息收集和推广、专业技术培训考核等工作）、日本新能源和产业技术综合开发机构（NEDO，主要负责开展基础性研究，帮助企业和社会解决发展过程中遇到的问题）、日本能源经济研究所（IEE JAPAN，主要负责国内外能源动向研究与战略研究，是能源决策的智囊）；第三层是各个大型用能企业或机构的专业能源管理师。这三层监管机构完整覆盖了从企业管理到政府决策的所有环节，为政府及时获取企业信息、高效制定节能政策搭建了良好平台。

三是能源开发利用方面，一方面，许多发达国家逐步开始弃煤减煤。2020 年上半年，葡萄牙、西班牙、德国的燃煤发电量分别下降了 95%、58%、39%；荷兰、奥地利和法国的燃煤发电量下降幅度均超过 50%；[①] 瑞典和奥地利于 3 月分别关闭了本国最后一家燃煤电厂。截至 2020 年，欧洲共有 15 个国家先后宣布退煤计划。其中，德国是唯一一个计划在 2030 年后淘汰煤电的国家，已于 2020 年 7 月通过《逐步淘汰煤电法案》和《矿区结构调整法案》，规定最迟在 2038 年前逐步淘汰煤电，并就煤电退出时间表等问题给出了详细规划。另一方面，大力发展清洁能源、推动能源结构转型已经成为世界各国的共识，约 150 个国家就可再生能源发电制定了具体目标，50 个国家对可再生能源在交通、供热领域的直接利用提供了政策支持。

（三）发挥市场激励作用，逐步完善碳价机制

一是碳税方面，欧盟是全球碳税征收最为成熟的地区，早在 20 世纪 90

---

① 《能源发展回顾与展望（2020）》，国际能源网，https：//www.in‐en.com/article/html/energy‐2299637.shtml。

年代，荷兰、瑞典、丹麦等北欧国家就已经率先开始向化石燃料生产或使用者征收碳税，提高含碳化石能源价格，促进能源资源清洁高效利用。碳税分为两大类，一类是将碳税作为一个单独的税种，以芬兰、瑞典和挪威为代表；另一类是将碳税与能源税或者环境税相结合，以意大利和德国为代表。2018 年以来，部分欧盟国家为了更好地发挥碳税作用，进一步优化完善了碳税政策，推动碳税与碳排放交易体系形成联动，从而提升政策效果。例如，葡萄牙规定碳排放交易体系下的燃煤电厂同样需要缴纳碳税；瑞典则取消了碳排放交易体系下燃煤热电联产企业享受的碳税豁免或减免政策，以加快去煤的进程。

二是碳市场方面，2005 年，欧盟碳排放交易市场（EU ETS，简称欧盟碳市场）投入运行，成为全球最大碳市场之一。自成立以来，欧盟碳市场已经经历了三个阶段的发展，对配额总量、分配方式、覆盖范围等问题逐步进行修改和完善，并于 2021 年正式开始进入第四阶段（2021～2030 年）。第四阶段欧盟碳市场进一步修订相关要求，主要包括将碳配额年度降幅提升至 2.2%，进一步扩大覆盖范围，推动技术创新，引导低碳融资等。

碳税及碳排放交易体系在欧盟地区的成功运转，促进了碳价机制在全球范围内的广泛应用，截至 2019 年中，已有 46 个国家和地区建立了碳税或碳市场等碳价机制，通过市场手段促进节能减排。

（四）聚焦核心关键领域，突破节能减排技术

一是 CCUS 技术方面，美国 CCUS 技术起步早，处于全球领先水平，已试点用于天然气加工、化肥生产、燃煤发电等领域。截至 2020 年底，全球共有 65 个运行中或建设中的商业 CCUS 项目，其中 38 个在美国，碳捕集规模达 3000 万吨/年。[①]

二是新能源技术方面，欧洲拥有最先进的海上风电技术，风轮制造、机

---

① 《绿色新经济，"碳捕集"将迎万亿级产业风口》，北京日报，https：//baijiahao. baidu. com/s? id = 1696718956410389955&wfr = spider&for = pc，2021 年 4 月 11 日。

组吊装、漂浮式基座、海上高压直流输电等技术快速突破，其中，海上风电机组自从商用以来，最大单机叶片直径从 35 米增长至 164 米，最大单机功率从 0.45 兆瓦增长至 8 兆瓦，有效支撑了风电向大规模发展、向深海域迈进。日本是轻量化光伏发电设备的鼻祖，研发的光伏建筑一体化（BIPV）产品能够充分依托建筑外墙直接进行发电，还可与隔热等元件组合共同提高建筑物能效。美国率先在全球提出"氢经济"概念，已研制出兆瓦级质子交换膜电解水制氢装置，拥有 2500 公里的输氢管道，实现氢能远距离大规模运输。

（五）倡导绿色发展理念，全面推行循环经济

"循环经济"以减量化、再利用、资源化为原则，是一种能耗低、污染小、效益高的新型经济模式，早已成为发达国家（地区）节能减排的重要方式。

一是生活循环经济方面，德国是欧洲循环经济发展水平最高的国家，最初以包装废弃物循环利用为切入点发展循环经济，1991 年发布了《包装废弃物管理条例》，首次就废弃包装的重新利用及利用比率进行了全面规定，并强制要求生产商和经销商必须负责其产品包装的回收和处理。1998 年 8 月，根据实践经验，德国对条例进行了补充和修订，其内容包括如何避免和利用包装、如何推动包装处理行业的发展以及如何与欧盟 1994 年 12 月出台的有关包装和包装垃圾的规定相互适应。此外，为配合《包装废弃物管理条例》的实施，1991 年德国成立了专门的民间组织 DSD，负责对已向其付费获准印有"绿点"标记的包装废弃物进行回收再利用，从而推动了废弃物资源化。

二是工业循环经济方面，丹麦卡伦堡生态工业园是企业循环经济模式的典型代表，其产业集群由三部分构成，包括由发电厂、炼油厂、制药厂和石膏制板厂四个大型工业企业组成的主导产业群，是生态工业园的主要产业链；由化肥厂、水泥厂、养鱼场等中小企业组成的配套产业群，作为补链进入整个生态工业系统；由微生物修复公司、废品处理公司以及市政回收站、市废水处理站等静脉产业组成的物质循环和废物还原企业群。卡伦堡生态工

业园的不同企业之间不仅可以进行资源互换，下游企业的原材料还恰恰是上游企业的废物，有效促进了能源和副产品多级重复利用，从而在减少废弃物排放的同时充分节约了生产费用。

三　相关启示

1. 强化政策引导聚合力

一是健全节能减排政策体系。对现有减排相关政策分类型、分领域进行全面梳理，详细评估各类政策的作用发挥情况，根据福建省碳达峰、碳中和目标节点，修改完善政策规定，增强系统性、整体性、协调性，形成优势互补，更好发挥合力。二是完善节能减排管理制度。持续加强重点用能企业节能减排管理，深化企业能源管理师制度和重点用能单位能源利用状况报告制度，明确高耗能企业必须配备能源管理师并定期向政府提交中长期节能计划及相关用能报告书，提高企业能源规划和管理水平。

2. 优化市场机制提效力

一是优化碳排放交易市场顶层设计。充分考虑福建省经济发展趋势，以碳达峰、碳中和目标为约束，合理控制福建省碳排放交易市场中长期配额总量，优化调整重点排放单位配额，切实向企业传导政府减排压力，确保上下联动形成合力。二是创新碳金融市场体系。持续丰富碳基金、碳债券、碳保险、碳众筹、碳期货等碳金融衍生产品，鼓励银行、证券、保险、基金等各类金融机构参与和推进碳市场，构建多层次碳金融市场体系，提高碳市场活跃度，促进企业加大节能减排力度。

3. 加快技术创新添动力

一是促进能源低碳转型。以新能源产业创新示范区为抓手，对标国际前沿技术，围绕储能、风电、氢能等新能源领域加快基础研究突破和核心技术攻关，实现关键材料器件产业化，为能源清洁替代奠定坚实基础。二是促进二氧化碳资源化利用。开展新型膜分离、新型化学吸附、化学链燃烧等前沿碳捕集技术研究，推动 CCUS 成本大幅下降，在此基础上，利用好厦门大学在

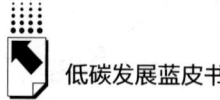
二氧化碳制高附加值化学品领域的技术优势，深化化学合成领域二氧化碳利用，加快 CCUS 示范应用落地，助力实现碳中和目标。

4. 发展循环经济增活力

一是推进资源综合利用。试点发展生态工业园区，从产业链的"延链补链"、企业共生、循环发展等角度科学选择入园企业，建立行业代谢和共生耦合的互利互惠关系，加强企业间物质、能量、信息的交换和集成，推动环境保护和经济发展之间形成良性循环。二是促进废弃物循环再生。增强政府在资源回收领域的参与度，从宏观层面对资源循环利用体系进行系统规划，优化现有资源回收利用网络，创新发展"互联网 + 回收"新模式；出台财税支持政策，鼓励民间资本积极参与废弃物回收、运输、再利用及再生技术研发等产业发展，持续壮大循环经济产业体系。

参考文献

国网能源研究院有限公司编著：《全球能源分析与展望（2020）》，中国电力出版社，2020。

《能源发展回顾与展望（2020）》，国际能源网，https：//www. in－en. com/article/html/energy－2299637. shtml。

B.15
国外碳市场发展运行报告

陈 晗 李益楠[*]

摘　要：　碳市场起源于21世纪初，历时近20年，从满是争议到成为共识，逐渐发展成为全球降低二氧化碳排放的重要手段。截至2020年底，全球共有1个超国家机构（欧盟＋冰岛＋列支敦士登＋挪威）、5个国家（哈萨克斯坦、墨西哥、新西兰、韩国和瑞士）和10余个州、城市（康涅狄格州、东京等）已建立碳市场并正在运行。本文以欧盟碳市场（EU ETS）、新西兰碳市场、区域温室气体倡议（RGGI）碳市场、日本东京碳市场四个碳市场为典型案例，分析其建设运行情况，以期为我国碳市场建设提供借鉴。

关键词：　欧盟碳市场　新西兰碳市场　RGGI碳市场　日本东京碳市场

　　《联合国气候变化框架公约》于1992年正式签订，并于1994年3月生效，标志着全球气候变化治理体系正式建立。1997年各国在日本京都通过了《联合国气候变化框架公约》的补充条款《京都议定书》，首次引入了碳排放权交易机制。自此，以二氧化碳排放权交易为主的碳市场飞速发展、持续壮大。本文首先从国外碳市场的发展历程、建设运行情

＊　陈晗，工程管理硕士，国网福建省电力有限公司经济技术研究院，主要研究领域为工程管理、能源经济；李益楠，工学硕士，国网福建省电力有限公司经济技术研究院，主要研究领域为能源经济、能源战略与政策。

况两个方面简述国外碳市场概况，而后选取欧盟碳市场、新西兰碳市场、RGGI 碳市场、日本东京碳市场四个典型碳市场，研究各自的发展特点，以期为我国碳市场建设提供借鉴。

一 国外碳市场总体情况

（一）碳市场的发展历程

国外碳市场经历了 17 年的发展，已从欧美试点逐步向全球范围铺开（见图 1）。

第一阶段（2005 年以前）：市场机制与交易体系开始萌芽。

1997 年，《京都议定书》把市场机制作为解决温室气体排放问题的新路径，首次推动碳排放权成为一种有价产品。同时，按照全球减排成本效益最优原则，引入三个灵活合作机制——排放贸易机制（ET）、联合履行机制（JI）和清洁发展机制（CDM）。其中，ET 明确在规定的额度范围内，发达国家缔约方之间可以进行排放额度的转让交易；JI 明确发达国家缔约方之间可以针对减排项目获得的减排量进行转让交易；CDM 明确发达国家可以通过资金支持或技术援助等手段，在发展中国家实施有利于发展中国家可持续发展的减排项目，这类项目实际产生的减排量经核实认证成为核证减排量（CER）后，可用于发达国家履约。

2003 年，随着国际社会对温室气体减排的呼声越来越高，碳排放权交易的需求随之增加，芝加哥气候交易所（CCX）在此背景下应运而生，成为全球第一个具有法律约束力、基于国际规则的温室气体排放登记、减排和交易平台，也是北美唯一一个自愿减排的交易市场。但由于 CCX 成员均为自愿加入、完全依靠市场自发调节，缺乏法律手段强行限制排放量，最终导致市场不活跃、交易价格崩盘，CCX 于 2010 年关闭。

第二阶段（2005 年至今）：碳市场在全球范围内逐步铺开。

2005 年，《京都议定书》正式生效，ET、JI、CDM 三大机制开始在全

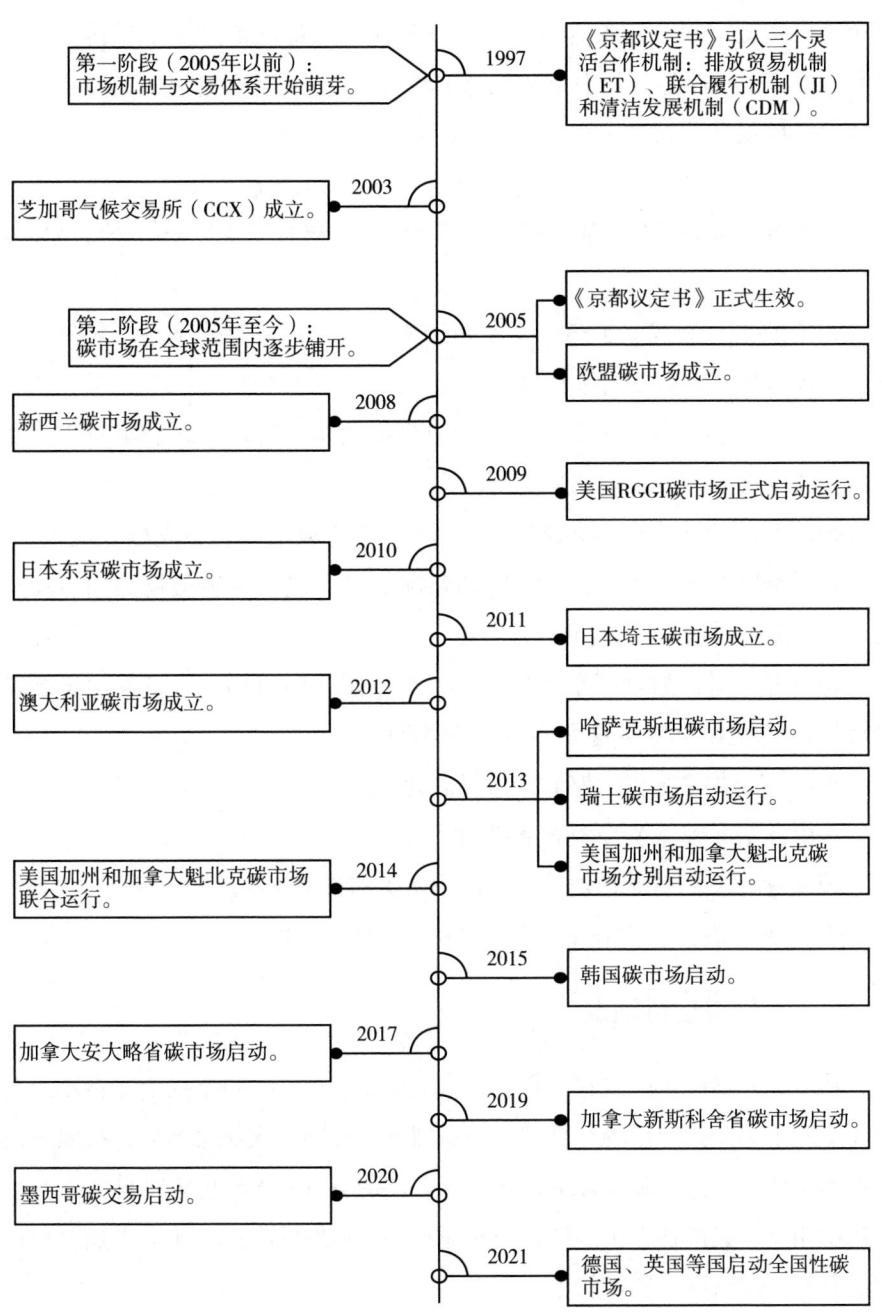

图1　世界碳市场发展历程

球范围内实施。同年，欧盟为保证实现其在《京都议定书》中承诺的减排目标，建立了一个覆盖所有欧盟成员的碳市场——欧盟碳市场，这是迄今为止涉及排放规模最大、流动性最好、影响力最大的碳市场。

2008年，新西兰碳市场成立，成为第一个国家级碳市场。

2009年，美国RGGI碳市场正式启动运行，形成了美国第一个区域性碳市场。

2010年，日本成立了第一个城市级碳市场——东京碳市场，隔年成立了埼玉碳市场，并将二者进行链接。

2012年，澳大利亚碳市场成立，成为继欧盟、新西兰之后第三个发达经济体的碳市场，但后因政策变化暂停。

2013年，哈萨克斯坦碳市场启动，成为首个发展中国家全国性碳市场。同年，瑞士碳市场启动运行；美国加州和加拿大魁北克碳市场分别启动运行，并从2014年起在两地联合运行。

2015年，韩国启动了东亚地区第一个全国性碳市场，体量仅次于欧盟碳市场，是截至2020年世界第二大国家级碳市场。

2017年，加拿大安大略省碳市场启动。

2019年，加拿大新斯科舍省碳市场启动。

2020年，墨西哥碳市场启动，成为南美洲首个全国性碳市场。

2021年，德国、英国等国纷纷启动全国性碳市场。

（二）建设运行情况

从配额总量确定方式看，可分为自上而下型市场、自下而上型市场。自上而下型市场是指碳市场主管部门根据减排目标确定配额总量后，按照下级主体的责任与能力分配配额的市场，如美国的RGGI碳市场等；自下而上型市场则相反，先由各下级主体根据相应规则确认好配额后，再向上加总形成配额总量，如新西兰碳市场等。

从配额分配模式看，包括免费分配和有偿分配（主要是拍卖）两种。多数碳市场实行的是混合分配模式，在市场运行初期采用免费模式，随着市场逐步成熟，慢慢引入有偿分配模式，并不断增大比例。对于有偿分配所得收入，各地政府普遍用于资助气候变化领域相关项目，包括推动能效提升、发展低碳交通和鼓励可再生能源开发利用等。拍卖收入的数额主要受各地经济规模、碳市场覆盖范围、配额拍卖数量和碳价等因素的影响。截至 2020 年底，国外碳市场拍卖筹集资金累计超过 1028.83 亿美元。[①]

从碳市场覆盖范围看，全球各地碳市场设计各不相同。工业和电力行业是被各大碳市场普遍纳入的行业，仅 RGGI 碳市场和美国马萨诸塞州碳市场未将工业纳入，仅日本东京和埼玉碳市场未将电力行业纳入。此外，大部分碳市场还覆盖了建筑、交通、航空等行业。新西兰和韩国还将垃圾处理业纳入碳市场，同时，新西兰独创性地将林业作为排放源和碳汇纳入其中。

二　典型碳市场建设运行情况

从市场层级看，碳市场可分为国际级市场、国家级市场、区域性碳市场和州市级市场。本文针对四个层级分别选取一个典型代表详细介绍其建设运行情况。

（一）欧盟碳市场

欧盟碳市场依据《欧盟 2003 年 87 号指令》于 2005 年 1 月 1 日正式成立，旨在帮助成员国履行《京都议定书》中的减排承诺。欧盟碳市场自试运行以来，已经经历了三个发展阶段，正式进入第四个阶段。

第一阶段（2005～2007 年）是试运行阶段，是欧盟碳市场的摸索阶段，旨在为正式运行积累经验、奠定基础。

试运行阶段欧盟碳市场的参与者为所有欧盟成员国，所限制的温室气体仅有二氧化碳，覆盖的行业包括发电和石化、钢铁、水泥、玻璃、造纸等各

---

① 国际碳行动伙伴组织（ICAP）：《2021 年度全球碳市场进展报告》，2021。

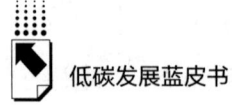

类能源密集型工业企业。

由于欧盟碳市场成员国数量较多，各国在经济发展水平、产业结构、体制机制等方面存在较大差异，为兼顾各成员国和欧盟整体利益，推动碳市场顺利进行，这一阶段以国家分配方案（NAP）为核心确定配额总量，即各成员国按照《欧盟 2003 年 87 号指令》中确定的标准和原则，自行确定本国计划用于分配的碳配额以及向重点排放单位分配的具体方法，制定各自的NAP 并向欧盟碳市场管理委员会上报。这一阶段配额核定普遍采用历史排放法，确定的配额以免费为主、拍卖为辅的方式分配，拍卖比例不超过配额总量的 5%。

在试运行期，各国政府均偏向于宽松的分配方式，绝大多数配额通过免费方式直接分配，仅丹麦、匈牙利、立陶宛和爱尔兰有少部分配额采用拍卖方式分配。总体而言，在自下而上的配额总量确定方式作用下，年均约 21亿吨[①]二氧化碳的配额总量严重超过实际排放量，因此这一阶段结束时有8300 万吨过剩配额，从而导致配额价格极低，期末现货价格甚至一度跌到 0欧元/吨。[②]

第二阶段（2008～2012 年）是正式运行阶段，是欧盟碳市场发展的过渡时期，也是《京都议定书》的第一个承诺期。

这一阶段时间跨度与《京都议定书》首个承诺期保持一致，目标是到2012 年温室气体排放比 1990 年至少降低 8%。参与者在第一阶段 27 个欧盟成员国的基础上，新加入了冰岛、列支敦士登和挪威。覆盖行业在第一阶段的基础上，于 2012 年将航空业纳入其中。

这一阶段仍然采用与第一阶段相同的配额总量确定方式和配额核定方法，但拍卖配额比例上限有所上调，提升至 10%，电力行业不再免费获得全部核定配额。

[①] 《全球碳市场配额总量》，碳排放交易网：http://www.tanpaifang.com/tanguwen/2021/0411/77432.html，2021 年 4 月 11 日。

[②] 晏溶、周志璐：《全球碳交易市场的前世今生　中国可汲取的教训与面临的挑战》，华西证券股份有限公司，2021。

总体而言，第二阶段整个市场配额总量较第一阶段约下降 6.5%，[1] 但由于 2008 年金融危机导致经济萧条、排放量下降，配额需求急剧下降，期末市场仍有近 20 亿吨剩余配额，配额价格仍维持在较低水平。但从成效来看，截至 2012 年，欧盟所有主要排放行业的温室气体排放量均有所下降，欧盟碳市场成员国整体排放量降至 42.41 亿吨，相比 1990 年下降了 20% 以上。[2]

第三阶段（2013~2020 年）是成熟发展期，是欧盟碳市场发展和改革的关键时期，也是《京都议定书》第二个承诺期。

在 "2020 年温室气体排放要比 2005 年至少降低 20%" 的减排目标约束下，这一阶段欧盟碳市场继续扩大覆盖范围，随着克罗地亚加入欧盟，参与者增加至 31 个，管控行业新增了化工和电解铝，覆盖温室气体范围拓展到氧化亚氮、全氟碳化合物。

为了更好地稳定配额价格、发挥市场作用，在吸取前两个阶段经验教训的基础上，欧盟对配额机制进行了改革，将自下而上的配额总量确定方式改为自上而下的方式，即由欧盟确定整个市场的配额上限，由成员国充分协商分配配额。总量方面，欧盟确定 2013 年配额为 20.84 亿吨（见图 2），此后每年以 1.74% 的幅度线性递减；核定方式方面，重点排放单位的免费配额逐步由历史排放法转变为基准线法，即以重点排放单位所属行业的先进水平来确定配额，从而激励企业采取减排措施；分配方式方面，可拍卖的比重由第二阶段的 10% 调整至 57%，逐渐从免费分配向拍卖转型。其中，电力行业拍卖比重接近 100%，工业拍卖比重约 80%。[3]

不同于第一阶段的剩余配额不能转移到第二阶段，第二阶段剩余的大量配额保留到了第三阶段。为解决配额结转引发的市场供过于求问题，欧盟碳

---

[1] 《气候行动》，欧盟委员会，https：//ec. europa. eu/clima/policies/ets/pre2013_ zh。

[2] 晏溶、周志璐：《全球碳交易市场的前世今生　中国可汲取的教训与面临的挑战》，华西证券股份有限公司，2021。

[3] 《气候行动》，欧盟委员会，https：//ec. europa. eu/clima/policies/ets/pre2013_ zh。

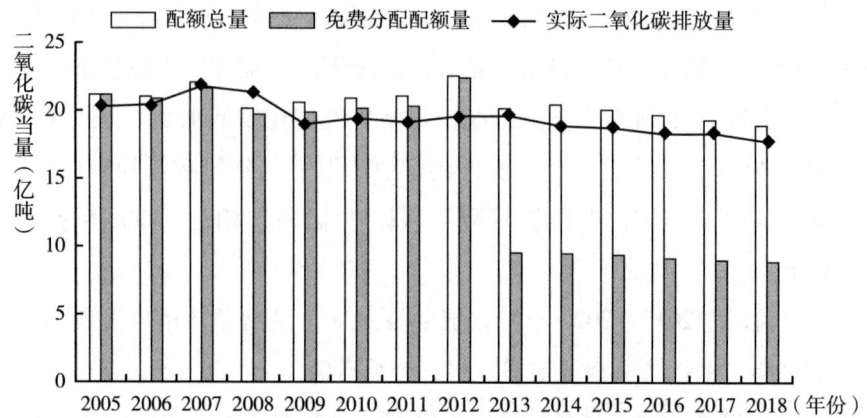

图2　2005～2018年欧盟碳市场配额情况及实际二氧化碳排放量

数据来源：IEA。

市场推出"市场稳定储备机制"（MSR）以平衡市场供需。具体来说，即配额总量不变，但推迟配额分配时间，待市场上的配额消耗到一定水平后再向市场投入拍卖配额。2019年，MSR正式开始执行，每年提取占市场流通总量24%的配额进行存储，直至2024年起，再将提取量降低至12%。这一制度实施后，配额价格快速回升，从2018年的16欧元/吨的均价提升至2019年的25欧元/吨。[①]

第四阶段（2021～2030年）是蓬勃发展期。

在这一阶段，由于英国正式脱欧，欧盟碳市场成员减少一个；覆盖行业有望进一步扩大，欧盟碳市场拟于2022年将海运业也纳入其中。

2018年欧盟修订了欧盟碳市场第四阶段改革方案，明确本阶段目标为：到2030年欧盟碳市场覆盖的行业排放量比2005年减少43%。为此，欧盟碳市场将配额总量衰减系数由第三阶段的1.74%提升到2.2%，并明确将逐步淘汰历史排放法，到2027年彻底停止使用。

随着2020年12月欧盟27国领导人就"2030年较1990年减排55%"

[①]　数据来源：Wind数据库。

的目标达成一致后，欧洲配额价格应声上涨，2021 年 1 月初冲破 35 欧元/吨，并持续攀升，4 月初已上涨至 42.5 欧元/吨。[1]

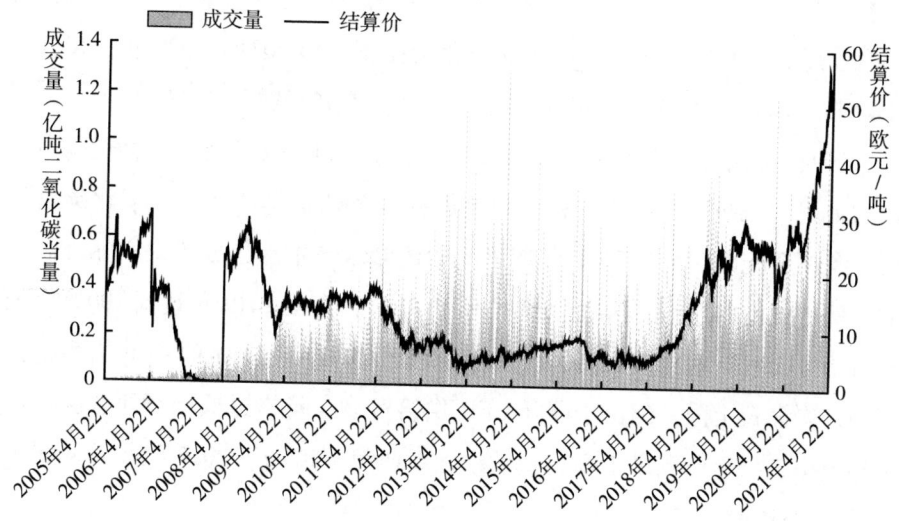

图 3　欧盟碳配额价格变化情况

数据来源：Wind 数据库。

（二）新西兰碳市场

新西兰碳市场于 2008 年启动，是历史上最悠久的碳市场之一，也是大洋洲仅存的碳市场。新西兰碳市场覆盖行业范围全球最广，独创性地将林业纳入管控范围，已经囊括了电力、工业、航空、交通、建筑、废弃物、林业、农业（2021 年仅需要报告排放数据，拟于 2025 年起参与履约）等绝大多数行业，且纳入门槛较低，控排气体总量超新西兰总排放量的一半。其中，林业是最先被纳入碳市场的行业，林地所有者可以通过造林获得核证减排量，也需要为采伐活动（被视为碳排放）产生的碳排放承担配额清缴义务。

---

① 申港证券研究所：《欧盟碳排放交易市场的启示》。

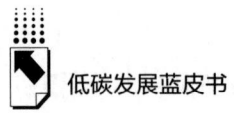

新西兰碳市场配额制度经过了一次大变革。2021年之前，新西兰碳市场采用自下而上的配额总量确定方式，以及免费分配与固定价格售卖相结合的初始配额分配方式。但改革后，2021~2025年配额总量开始受到限制；同时，配额分配将逐渐降低工业部门免费比例，即2021~2030年、2031~2040年、2041~2050年每年分别以1%、2%和3%的幅度削减。①

新西兰碳市场的履约机制也在不断革新。配额清缴方面，新西兰碳市场起初采用"二折一"规则进行，即重点排放单位每排放两吨二氧化碳仅需要清缴一个配额。但从2017年起，配额清缴量与重点排放单位实际排放量的比例从此前的50%逐年提高到67%和83%，直至2019年达到100%。抵消机制方面，新西兰碳市场起初允许国际上CDM项目产生的CER自由抵消配额，未设置上限。但由于国际CER供给过剩，价格远低于新西兰碳市场配额价格，严重影响了市场运行效果，新西兰碳市场于2015年6月起暂停对国际CER的抵消。

（三）RGGI碳市场

北美碳市场发展路径与欧盟不同，更重视区域发展。RGGI碳市场是全球首个区域碳市场，由美国东北部的康涅狄各州、特拉华州、缅因州、马里兰州、马萨诸塞州、新罕布什尔州、纽约州、罗得岛州、佛蒙特州、新泽西州（第一个履约周期后退出、于2020年1月1日再次加入）10个州共同签署建立、联合运行，于2009年正式启动。考虑到化石燃料燃烧是美国碳排放的主要来源，而电力行业是RGGI各州化石燃料燃烧碳排放的主力军，RGGI碳市场将重点排放单位覆盖范围设置为装机容量大于或等于25兆瓦的化石燃料发电厂，覆盖的温室气体仅包括二氧化碳。截至2020年，RGGI碳市场覆盖的排放量仅占该区域排放总量的10%。2021年1月1日弗吉尼亚州正式加入RGGI碳市场。

---

① 华宝证券研究团队：《大洋洲：新西兰碳交易体系——大洋洲碳减排的"坚守者"》，碳排放交易网，http://www.tanpaifang.com/tanguwen/2021/0512/77834.html，2021年5月12日。

RGGI 碳市场规定每三年为一个履约周期，以减排目标为约束，采用自上而下的方式确定配额总量。根据成立之初的设计方案，市场发展各阶段时间跨度与履约周期一致，第一个阶段（2009～2011 年）整个市场每年配额为 1.71 亿吨二氧化碳，稳定不变；第二个阶段（2012～2014 年）各州每年的配额与第一履约周期保持一致，但因新泽西州退出，整个碳市场每年配额降至 1.50 亿吨二氧化碳；自第三个阶段（2015～2018 年）开始，在前两个履约周期基础上配额总量每年递减 2.5%，以实现 2018 年比 2009 年减排 10% 的目标。[1] 在前两个阶段实际运行过程中，配额大大超过碳排放量，2010 年、2011 年、2012 年、2013 年 RGGI 碳市场重点排放单位实际碳排放量分别比年度初始配额总量低 27.7%、36.7%、51.1% 和 53.7%，[2] 导致碳市场发现价格和传递价格信号的功能基本丧失，通过市场激励减排和低碳投资的目标落空。为解决上述问题，RGGI 碳市场多次对配额总量进行调整：一是将 2014 年配额总量调减为 0.83 亿吨二氧化碳，并明确 2015 年至 2020 年配额总量每年递减 2.5%；二是引入临时调整期，进一步缩减配额总量，调整之后 2014～2020 年配额总量总计约为 4.09 亿吨二氧化碳，为调整前同期配额总量的 42%；三是确定了 2021 年配额总量为 0.91 亿吨二氧化碳，随后十年每年下降 331.5 万吨二氧化碳，以此达到 2030 年比 2020 年减排 30% 的目标。[3] 与此同时，RGGI 碳市场建立了成本控制储备机制（CCR）和排放控制储备机制（ECR），以保障配额价格保持在合理区间。CCR 是 2014 年 RGGI 碳市场改革后引入的调控机制，由配额总量之外的固定数量的配额组成，目的是在必要时增加配额供给，防止配额价格过高；ECR 是 2017 年新确定的调控机制，于 2021 年实施，其在价格下限之上设定了触发价格，若达到触发价格，碳配额总量将被适当削减，目的

---

① 帅云峰、周春蕾、李梦等：《美国碳市场与电力市场耦合机制研究——以区域温室气体减排行动（RGGI）为例》，《电力建设》2018 年第 7 期。

② 张建宇、王昊：《他山之石，美国电力企业应对碳市场经验》，北京国际能源专家俱乐部，https://www.sohu.com/a/211758652_825427，2017 年 12 月 21 日。

③ 国际碳行动伙伴组织（ICAP）：USA-Regional Greenhouse Gas Initiative（RGGI）。

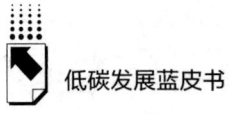
是防止配额价格过低。

RGGI碳市场是全球首个完全以拍卖形式分配配额的碳市场，各州内电厂均通过统一价格、密封投标和公开竞拍的形式获得配额。配额的初始分配是以季度为周期进行拍卖，每次拍卖量为年度配额总量的25%，现货和远期配额均可拍卖。拍卖产生的收益主要用于投资能效管理、清洁能源和可再生能源发电以及温室气体减排等。截至2020年底，RGGI碳市场共成功进行了50次拍卖，累计筹集资金37.75亿美元。[①]

为了确保各重点排放单位公平履约，RGGI碳市场要求参与碳市场的电厂均要安装连续排放监测系统（CEMS）。该系统能够以不低于每15分钟一次的频率永久记录烟气体积流量、烟气含水率和二氧化碳浓度等信息，监测结果可直接作为电厂的履约量，从而保证排放量监测的精确性。

（四）日本东京碳市场

2010年日本东京碳市场启动，成为亚洲首个碳市场，也是全球范围内首个城市级碳市场。不同于其他碳市场以特定行业的重点排放单位作为管控对象，东京碳市场重点针对工业和商业的能源消费者开展碳排放管控，覆盖范围包括年能源消耗量150万升原油（相当于1846.4吨标准煤）及以上的大型工商业场所及设施，以达到控制并减少老旧大型建筑二氧化碳排放的目的。截至2020年，东京碳市场已涉及1200个工商业场所，排放量占东京总排放量的20%。

东京碳市场采用自上而下的方式确定配额总量，以五年为一个履约期，以2002年到2007年之间任意连续3年的平均值为基准排放水平，以2020年最终排放上限的1044万吨二氧化碳为约束，在成立之初设置了两个履约期：第一个履约期为2010～2014年，目标是本周期平均排放量比基准排放水平降低6%～8%；第二个履约期为2015～2019年，目标减排量进一步加大，比基准排放水平低15%～17%。根据每个阶段结束后的评估数据，东

---

① RGGI, Inc., https://www.rggi.org/auctions/auction - results。

京碳市场第一个履约期相对基准水平实现了 26% 的减排量，第二个履约期实现了 27% 的减排量，远超预期目标。2021 年，东京碳市场正在着手制定第三个履约期（2020~2024 年）和第四个履约期（2025~2029 年）的碳减排目标和交易机制，减排目标分别为较基准排放水平降低 25%~27% 和 33%~35%。

相对于其他碳市场，东京碳市场整体以激励为主。配额分配方式上，采用历史排放法核算配额，并通过免费方式分配。抵消机制上，东京碳市场允许使用东京都内未被覆盖的中小型场所及设施、东京都外的大型场所及设施、可再生能源发电等减排产生的核证减排量进行抵消。奖惩制度上，东京碳市场对能效先进的管控对象给予不同奖励，允许其仅完成原定减排目标的 50% 或者 75%；对未能完成履约义务的管控对象，要求其按照未履约部分排放量的 1.3 倍进行补缴，但不会被施以高额经济处罚。

2011 年，东京碳市场与日本第二个城市级碳市场——埼玉碳市场进行了链接，两个碳市场的履约周期、纳入门槛、配额制度等均保持一致，且配额和中小型设施减排所获得的核证减排量均可以相互流通、互相承认。仅第一个履约期内（2011~2014 年），东京碳市场与埼玉碳市场之间就进行了 15 次配额转移（9 次从东京转移到埼玉，6 次从埼玉转移到东京），在一定程度上缓解了单一城市级碳市场规模小、活跃度低的状况。

参考文献

国际碳行动伙伴组织（ICAP）：Japan-Tokyo Cap-and-Trade Program，2021。
国际碳行动伙伴组织（ICAP）：《2020 年度全球碳市场进展报告》，2020。
国际碳行动伙伴组织（ICAP）：《2021 年度全球碳市场进展报告》，2021。
加拿大不列颠哥伦比亚大学林学院、中国绿碳基金会：《全球碳市场的现状与发展趋势报告》，2016。
美国环保协会：《全球观"碳"：日本东京都碳市场概览》，2018。
齐绍洲、程思：《美国电力行业碳市场建设的主要经验借鉴》，《电力决策与舆情参

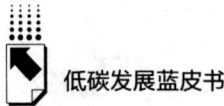
考》2017 年第 47 期。

沈啟霞、赵长红、袁家海：《欧盟碳市场对中国碳市场建设的启示》，《煤炭经济研究》2021 年第 4 期。

帅云峰、周春蕾、李梦等：《美国碳市场与电力市场耦合机制研究——以区域温室气体减排行动（RGGI）为例》，《电力建设》2018 年第 7 期。

晏溶、周志璐：《全球碳交易市场的前世今生　中国可汲取的教训与面临的挑战》，华西证券股份有限公司，2021。

Abstract

To jointly strengthen the global response to the threat of climate change, the Paris Agreement 2015 set out a global framework to avoid dangerous climate change by keeping the increase in global average temperature to well below 2℃ above pre-industrial levels and making efforts to limit it to 1.5℃. Since September 2020, Xi Jinping, president of China, has successively pledged to the world multiple times to "strive to reach carbon peak by 2030" and to "endeavor to achieve carbon neutrality by 2060". From March 22 to 25, 2021, during his investigation in Fujian, Xi Jinping emphasized that carbon peak and carbon neutrality should be incorporated into the construction of the ecological province, and a scientific timetable and roadmap should be formulated. Fujian Province, as the first National Ecological Civilization Pilot Zone, bear the ability and responsibility to take the lead in the work of reducing carbon dioxide emissions. Therefore, it is necessary to systematically sort out the current situation of carbon dioxide emissions reduction in Fujian, and scientifically formulate a development path for reaching carbon peak before 2030 and achieving carbon neutrality before 2060, in accordance with socioeconomic development, resource endowments, and technological development.

This book is written by the State Grid Fujian Economic Research Institute. The book focuses on the goals of carbon peak and carbon neutrality, follows the latest news of low-carbon development, analyzes the situation and tendency of carbon peak as well as carbon neutrality in Fujian based on several models including EKC – STIRPAT, scientifically measures the carbon sinks and the carbon capture capacity in Fujian, analyzes the advantages and difficulties of Fujian to reach carbon peak and to achieve carbon neutrality, and proposes a timetable and roadmap for

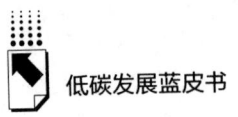

reaching carbon peak and achieving carbon neutrality. This book consists of five parts: general report, sub reports, energy governance reports, special topics, and reports on international experience.

The general report of this book analyzes the overall situation of carbon peak and carbon neutrality around the world, researches the carbon emission reduction paths of major countries and regions such as EU, US and Japan, and summarizes the experience and enlightenment; analyzes the overall situation of carbon peak and carbon neutrality in China from the aspects of national leaders' instructions and deployment, top level design of ministries and commissions, and implementation of provinces and cities; summarizes the advantages and disadvantages of Fujian reaching carbon peak and achieving carbon neutrality, proposes a green and low-carbon development blueprint for Fujian considering energy, industry, ecology, technology, and policies. By the end of 2020, 54 countries around the world have reached carbon peak, over 130 countries and regions have proposed the goal of carbon neutrality, the timescale from carbon peak to carbon neutrality of developed countries (regions) and regions including EU and USA is 50 – 70 years. In 2020, China has pledged to reach carbon peak by 2030 and achieve carbon neutrality by 2060, the timescale from carbon peak to carbon neutrality of China is only half as that of developed countries (regions). The task is harder and the time is tighter. Fujian has four advantages in achieving carbon peak and carbon neutrality including distinct advantage in energy transformation, abundant reserve of carbon sinks resources, rapid development on low-carbon industries and irreplaceable regional advantages. Meanwhile, challenges still exist. To realize the goals of carbon peak and carbon neutrality as soon as possible, Fujian should focus on the "five major areas" and promote the "five coordination", namely promoting the coordination of supply and consumption transformation in the energy field, promoting the coordination of structure and layout optimization in the industrial field, promoting the coordination of forestry and oceans development in the ecological field, promoting the coordination of emission reduction and capture breakthroughs in the technical field, promoting the coordination of incentives and constraints in the policy field, and promoting the coordination of the economy and society green transformation in an overall way to achieve clean and low-carbon development.

The sub reports of this book analyze the current status of carbon emissions, carbon sinks, carbon market and low-carbon technology in Fujian, forecast the development trends correspond to 2030 and 2060 goals, and then raise the suggestions. Firstly, systematically review the carbon emissions situation, predict the carbon peak situation. Secondly, comprehensively analyze the carbon sinks resources, and forecast the developing tendency of the carbon sinks of forests, oceans and soils. Thirdly, compare the construction and operation of the national carbon market with Fujian pilot carbon market, and shares a vision of the future carbon market construction in Fujian Province. Fourthly, summarize the development status and future development potential of low-carbon technology in Fujian comprehensively, followed by an in-depth review of policies related to carbon control and carbon reduction. Finally, point out a possible tendency of carbon neutrality of Fujian.

The energy governance reports focus on researching the situation of total energy consumption and energy consumption intensity control and the electrification level of terminal energy. Firstly, analyze the total energy consumption and energy consumption intensity control in Fujian from the aspects of the policy development process, work effectiveness and current situation. Secondly, analyze the electrification rate in total and key fields in Fujian, predict the development tendency and put forward relevant suggestions supporting energy transformation, energy governance system and modernization of governance capability.

The special topics include "Scientifically Design China's Plan for Achieving Carbon Neutrality in Energy System", "the Integrated Energy System Helps Achieve the Two Carbon Goals", "the Carbon Emission Reduction of the Information and Communication Technology (ICT) Department", "Carbon Neutrality Realization and High-quality Economic Development". Through discussing the relationship between the achievement of the two carbon goals and the integrated energy system, the development of ICT department and high-quality economic development, this chapter provides references for relevant industries and research institutes.

Reports on international experience consist of "Experience and Enlightenment

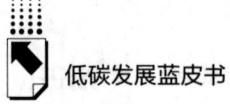
of Developed Countries (Regions) in Promoting Green and Low-carbon Development" and "Development and Operation of Foreign Carbon Market", summarize the experiences of the status and measures of low-carbon development and carbon market operations in developed countries (regions), which provides references for relevant policy formulation and strategy research.

This book is of high reference value for governments to formulate policies related to carbon peak and carbon neutrality, for industries and enterprises to clarify the development path of emission reduction, for research institutions and universities to carry out research on energy conservation and emission reduction, and for the public to understand the carbon emission situation of Fujian Province.

Keywords: Fujian Province; Carbon Peak; Carbon Neutrality; Low-carbon Development; High-quality Development

Contents

I General Report

Abstract: Controlling carbon emissions and achieving carbon neutrality as
soon as possible is the only way to cope with the greenhouse effect and global
warming. To achieve carbon neutrality on schedule, the first step is to reach
carbon peak with high-quality and high standards. By the end of 2020, 54
countries around the world have reached carbon peak, 2 countries have achieved
carbon neutrality, and more than 130 countries and regions have proposed carbon
neutrality goals. China has pledged to reach carbon peak by 2030 and achieve
carbon neutrality by 2060. Compared with the developed countries (regions),
the task is harder and the time is tighter, which requires all the work to be
promoted steadily. As the first National Ecological Civilization Pilot Zone in
China, Fujian has prominent advantages of reaching carbon peak and achieving
carbon neutrality, while the difficulties and challenges are equally obvious. To
realize the goal of carbon peak and carbon neutrality as soon as possible, Fujian
should focus on the "five major areas" and promote the "five coordination",

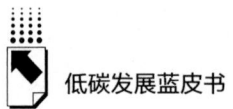
namely promoting the coordination of supply and consumption transformation in the energy field, promoting the coordination of structure and layout optimization in the industrial field, promoting the coordination of forestry and oceans development in the ecological field, promoting the coordination of emission reduction and capture breakthroughs in the technical field, promoting the coordination of incentives and constraints in the policy field and promoting the coordination of the economy and society green transformation in an overall way to achieve clean and low-carbon development.

Keywords: Carbon Peak; Carbon Neutrality; Green and Low-carbon; High-quality Development

Ⅱ　Sub Reports

B.2　Analysis Report on Fujian Carbon Emissions in 2021

Li Yuanfei, Zheng Nan and Du Yi / 022

Abstract: Studying the characteristics of carbon emissions of Fujian and scientifically predicting the development trends in the next stage are the basis for carrying out relevant work. Based on historical emissions data, carbon emissions of Fujian are closely related to economic development and industrial structure, especially the power and heatingsupply, manufacturing, residential, and transportation sectors, which account for 97.0% of the overall emissions. The analysis and forecast of carbon emission of the whole society and key sectorsusing EKC -STIRPAT model shows that: Fujian will reach carbon peak in 2030 with the peak of 329 million tons Power and heating supply and transportation sectors will peak later than the whole society; residential sector will peak in the same pace with the whole society; manufacturing sector will peak earlier than the whole society. To successfully reach carbon peak, Fujian should formulate reasonable carbon emissions reduction action plans in the next stage, accelerate the promotion of energy conservation and emission reduction in the transportation and industrial sectors, and promote the low-carbon development of the energy structure.

Keywords: Carbon Emission; Carbon Peak; Carbon Emission Reduction; EKC −STIRPAT Model

B.3 Analysis Report on Fujian Carbon Sinks in 2021

Li Yinan, Chen Keren and Lin Changyong / 040

Abstract: With the introduction of the goal of carbon neutrality, more and more people are aware of the significant role of carbon sinks in slowing down global warming and developing a low-carbon economy. Carbon sinks in nature mainly come from forest, ocean, and soil. This report measures the carbon sinks of forest, ocean and soil of Fujian in 2018, and predicts the tendency of carbon sinks development in 2030 and 2060 respectively. With the preliminary calculation, the measurable carbon sinks of forest in Fujian in 2018 is about 51. 435 million tons of carbon dioxide per year; this figure will be 74. 017 if all the carbon sinks that can be estimated currently are included. On this basis, according to the changes in the forest, ocean and soil resources in Fujian, the forest carbon sinks in 2030 and 2060 will be 48 million and 43. 3 million tons of carbon dioxide per year respectively, and the total carbon sinks that can be estimated will be 71. 72 and 67. 25 million tons of carbon dioxide per year respectively. To further increase the carbon sinks in Fujian, the basic capacity construction of carbon sinks should be strengthened and carbon sinks resources should be strongly cultivated in the next stage to establish a sound foundation for achieving carbon neutrality.

Keywords: Carbon Sinks; Forestry Carbon Sinks; Ocean Carbon Sinks; Soil Carbon Sinks

B.4 Analysis Report on Fujian Carbon Market in 2021

Li Yinan, Chen Wanqing and Lin Changyong / 052

Abstract: Carbon market is one of the effective methods to promote energy

225

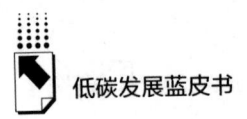

conservation and carbon emissions of industries. This report sorts out the development history of carbon market in China, analyzes the transaction mechanism and operation situation of national carbon market and Fujian pilot carbon market, summarizes experience and enlightenment of other pilot carbon markets. On this basis, this report researches and forecasts the future development trends of China's carbon market. In general, carbon market in China is currently in a transition from experiments in pilot areas to construction nationally. Under this circumstance, national carbon market tends to cover a wider area and the carbon allowance will be gradually tightened, therefore carbon emission transaction price is expected to increase, and the value of developing and utilizing CCER is expected to raise, leading to further improvement on the supervision and regulation system of carbon market.

Keywords: Carbon Market; Key Emission Entities; Allowance; Transaction Prices; CCER

B.5 Analysis Report on the Development of Low-carbon Technology in Fujian for 2021

Xiang Kangli, Chen Keren and Chen Wanqing / 069

Abstract: Low-carbon technology is an important method to reach carbon peak and achieve carbon neutrality, including clean energy technologies, CCUS, energy storage, electric vehicles, multi-energy complementation, etc. In Fujian, wind power, photovoltaics, nuclear, biomass and other clean energy technology have been widely applied. The researches on technologies of production, storage, transportation, and application of hydrogen energy are accelerated in promising ways. The CCUS demonstration projects have begun, and the energy storage technologies have been applied in the source-grid-load system. The development of electric vehicles has been accelerated, and the multi-energy complementary technologies have been gradually put into practical application relying on islands and industrial parks. Overall, low-carbon technologies in Fujian have certain advantages and will play a significant role in realizing the goal of carbon peak and carbon neutrality. It is expected that in 2060, the installed capacity of clean energy in Fujian will exceed 100 million kW, new energy for hydrogen production and hydrogen fuel cell vehicles will be widely used, breakthroughs of CCUS technology will be made and industrial chains will be formed, energy storage technologies will be deeply used in all links of the power grid, and multi-energy complementary technologies will be applied at city level.

Keywords: Low-carbon Technologies; Clean Energy; CCUS; Electric Vehicle; Multi-energy Complementation

B. 6 Analysis Report on Fujian Carbon Control and Carbon Reduction Policy in 2021

Zheng Nan, Li Yuanfei and Cai Qiyuan / 100

Abstract: Improving the top-level design and allowing the policy to play a guidance role are important guarantees for achieving the goals of carbon peak and carbon neutrality. In recent years, Fujian government has issued certain relevant policies to put forward the carbon emissions control targets of the whole province and in key areas, laying a foundation for reaching carbon peak and achieving carbon neutrality. With relevant policies strongly supporting low-carbon industries and emerging industries as well as conducting strict regulatory control of high energy-consumption industries, the low-carbon transformation of the industrial structure has been effectively promoted. Meanwhile, the exploration of market mechanism for low-carbon development has been accelerated, emissions control and carbon reduction has been promoted through carbon market. Fujian has actively promoted research, development and utilization of energy conservation and emission reduction technologies, explored pilot projects in low-carbon cities (towns), and make continuous efforts to control and reduce carbon emissions.

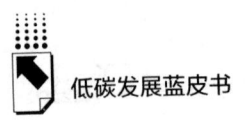
In the next stage, the targets of carbon control and carbon reduction may be further tightened and the formation of policy system which combines market methods and administration methods will be accelerated in Fujian. The driving forces of policy, flexible regulation, and public participation provide policy guarantees for Fujian to achieve the targets of carbon peak and carbon neutrality as scheduled.

Keywords: Carbon peak; Carbon neutrality; Energy efficiency control; Carbon Control and Carbon Reduction

B.7 Analysis Report on Fujian Carbon Neutrality in 2021

Li Yuanfei, Zheng Nan and Xiang Kangli / 111

Abstract: This report uses the STIRPAT model, and scenario analysis to forecast the trends of carbon emissions of Fujian in the middle and long termand deploy the emission reduction measures after reaching the carbon peak in advance. By constructing the scenarios of baseline, accelerating transformation, and deep optimization, the forecast of carbon footprint was extended to 2070. The result shows that, in the middle and long term, carbon emissions of Fujian will experience three stages, namely rapid decline, slow decline and gradually reaching the plateau phases. In the scenarios of baseline, accelerated transformation and deep optimization, the carbon emissions in Fujian are expected to reach the plateau stage around 2060, 2058 and 2054 respectively, with an emission of about 50 million tons per year. Further analyzing the development trend of carbon removal capacity in the middle and long term, it is estimated that Fujian will achieve carbon neutrality in 2063, 2057 and 2054 respectively in the three scenarios considering only forestry carbon sinks and CCUS carbon removal technology. Taking the ocean carbon sinks and soil carbon sinks into consideration, the carbon neutrality time in the three scenarios will be advanced to 2057, 2053 and 2049, respectively. Hence, Fujian needs to take more measures to reduce carbon emissions and increase carbon sinks, and fully tap the carbon sink resources in the next stage to

ensure the goal of carbon neutrality can be achieved as scheduled.

Keywords: Carbon Neutrality; Carbon Sinks; CCUS

Ⅲ   Energy Governance Reports

B. 8   Analysis and Suggestion on Energy Consumption Intensity

Control and Total Energy Consumption in Fujian

Li Yuanfei, Shi Pengjia and Lin Changyong / 119

Abstract: The two energy control goals are total energy consumption control and energy consumption intensity control. Since the 11th Five - Year Plan period, policies of the two energy control goals have been gradually improved, which have played an important role in accelerating the transformation of China's energy and resource utilization mode and realizing high-quality development. Considering the energy sector is the largest source of carbon emissions, the two energy control goals will be further improved and become an important part of promoting low-carbon development during the 14th Five - Year Plan period under the guidance of the two carbon goals. In 2019, Fujian's total energy consumption reached 137 million tons of standard coal, with an increase of about 18. 56 million tons since the 13th Five - Year Plan. The energy consumption intensity is 324 kg standard coal per ten thousand yuan, which has decreased by about 15. 3% since the 13th Five - Year Plan. It is expected to exceed the two energy control goals during the 13th Five - Year Plan. In the future, there exists both opportunities and challenges for Fujian to promote the two energy control goals. It is necessary to coordinate the relationship between energy conservation and emission reduction, economy and environment, government and market, production and life, and other multi-dimensional factors, to facilitate breakthroughs of the carbon reduction work.

Keywords: Total Energy Consumption Control; Energy Consumption Intensity Control; Energy Conservation and Emission Reduction; Fujian Province

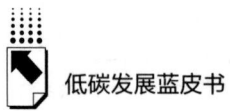
B.9　Analysis Report on Terminal Energy Electrification

Level in Fujian

Lin Hongyang, Xiang Kangli and Du Yi / 127

Abstract: This report introduces the calculation method of electrification rate, analyzes the development and current situation of electrification rate by different fields in Fujian from the view of the whole society, and forecasts the electrification rate in 2030 and 2060 based on Johansen co-integration test and ECM model. With the preliminary calculation, the electrification rate of Fujian was 28.8% in 2019, the electrification rate of Fujian will reach 40% and 42% in 2030 in the scenario of baseline and electrification acceleration respectively, and 61% and 74% in 2060 respectively. In general, there is still large space for the improvement of the electrification rate in Fujian. It is necessary to proceed with multiple aspects of production and ways of living to promote a new level of provincial electrification.

Keywords: Terminal Energy Consumption; Electrification Rate; Clean

IV　Special Topics

B.10　Scientifically Design China's Plan for Achieving Carbon

Neutrality in Energy System

Zhu Sihai / 146

Abstract: The energy system is the main battlefield for achieving carbon neutrality. According to China's ambition of determined contributions, a roadmap for achieving carbon neutrality in the energy system needs to be scientifically designed. On the one hand, digital transformation and development of energy system should be promoted in the system of digital China and digital economy, and the digital energy system should be constructed to improve the observability of carbon control in the energy system. On the other hand, we should give full play to the dual regulation of energy data on both the supply side and demand side of energy and construct the energy data market to improve the controllability of the carbon control in the energy system. On this basis, we should scientifically control the balance process of carbon sources and carbon sinks in economies of different spatial scales, forge the superiorities of energy drives, address the inferiorities of data drives, and promote the robustness of carbon control in energy system to demonstrate a new look of energy-driven and data-driven carbon neutrality, and to construct a new pattern of carbon governance that integrates carbon technology, carbon finance and carbon market.

Keywords: Energy System; Carbon Neutrality; Carbon Footprint Reduction; Carbon Market

B.11   Report on Developing the Integrated Energy System to
Achieve the Goals of Carbon Peak and Carbon Neutrality

Zeng Ming / 160

Abstract: The energy industry is the largest source of carbon emissions and therefore, a key area of carbon emission reduction. Under the constraints of carbon peak and carbon neutrality goals, it's urgent for the energy industry to accelerate the transformation towards "clean, integrated, intelligent, and decentralized". As an important part of the energy system, the electric power system will also face a series of challenges, such as the penetration of a high proportion of renewable energy, the increasing level of terminal electrification, high electronization and the localization of a large-scale distributed energy. The concept of the integrated energy system came into being to adapt to the new situation and requirements of energy and power industry. Integrated energy system refers to the energy system that integrates the production, supply and marketing of various kinds of energy, such as cold, thermal and electric energy, to promote the sustainable development of energy. The development of the integrated energy

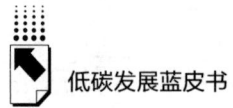

system will help break the barriers of technology, institution and market among various energy subsystems and realize multi-energy complementation and collaborative optimization, which will effectively promote the clean and low-carbon development of the energy industry, thereby contributing to achieving the goals of carbon peak and carbon neutrality. In the future, the development of the integrated energy system should be accelerated in terms of core technology development, service patterns innovation, ecosystem construction, key disciplines construction, and pilot application promotion, so as to provide new solutions for the clean and low-carbon transformation of the power system.

Keywords: Integrated Energy System; Electric Power Industry; Multi-energy Complementary; Low-carbon Transformation

B. 12   Analysis Report on the Carbon Emission Reduction of the Information and Communication Technology Department

Zhang Jin / 171

Abstract: Understanding the impact of embodied carbon emissions in the ICT department is critical to addressing climate change in the digital era. This report presents an analytical framework based on the input-output analysis method to explore the embodied carbon emissions of ICT by sub-departments. The results show that the ICT department is far from an environmentally friendly department considering the impact of the embodied carbon emissions. The embodied carbon emissions are about 30 −70 times of the direct carbon emissions in ICT department. The main source of embodied carbon in ICT department is the intermediate input from non − ICT department required for production, among which the power department, basic raw materials department (such as chemical, metal, non-metal, etc.) and transportation, storage and postal services department are the largest sources. The power department contributes about 35 percent of the embodied carbon emissions of ICT department. Therefore, the concept of green ICT should be planted in the production sectors of the economy during the development of the digital economy industry, and the impact of industry linkages and production supply chains should be systematically considered in the carbon management strategy of ICT department.

Keywords: ICT; Carbon Dioxide; Embodied Carbon; Input-output Analysis Method

B.13   Report on Achieving Carbon Neutrality and High-quality
　　　　Economic Development

Yao Xin, Long Houyin / 187

Abstract: Achieving carbon peak and carbon neutrality is a profound systematic change in economy and society, which is closely related to energy transformation and upgrading and high-quality economic development. With the trends of China's industrialization and urbanization, regional economic development has shown a certain degree of dependence on high energy-consuming industries. Entering a new stage of development, China's economy has shifted from a stage of high-speed growth to a stage of high-quality development, which put forward higher requirements for the support of a high-quality energy system. The transformation and upgrading of the energy structure and economic structure is imminent. At present, China is promoting a clean and low-carbon energy transformation, which provides a clean development path, clean energy technology, and institutional policy guarantees for the realization of the carbon neutrality prospect. High-quality economic development requires the coordination of carbon neutral prospect and economic development. We need to adhere to the systemic concept and promote the optimization of assessment indicators, the upgrading of industrial structure, the development of market integration, and the innovation of green technology.

Keywords: Carbon Neutrality; Energy Economy; High-quality Development; Transformation and Upgrading

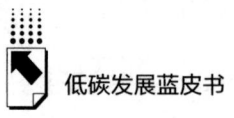
V Reports on International Experience

B.14 Experiences and Enlightenments of Developed Countries
(Regions) in Promoting Green and Low-carbon
Development

Li Yinan, Chen Keren and Shi Pengjia / 195

Abstract: Since the United Nations Framework Convention on Climate
Change came into force in 1992, promoting green and low-carbon development
has become the consensus of many countries around the world. The developed
countries (regions) have accumulated rich experiences in building strategic target
systems, establishing the policy and regulation systems, improving market incentive
mechanisms, developing energy conservation and emission reduction technologies,
pushing forward the circular economy and other fields, which have important
reference significance for Fujian.

Keywords: Developed Countries (Regions); Green and Low-carbon;
Emission Reduction Technology; Circular Economy

B.15 Report on Development and Operation of Foreign
Carbon Market

Chen Han, Li Yinan / 205

Abstract: The carbon market originated from the beginning of the 21th
century and lasts for nearly 20 years. The carbon market began in controversy, and
gradually consensus arises. It has gradually developed into important means of
reducing carbon emissions globally. By the end of 2020, there are 1 supranational
institution (EU + Iceland + Liechtenstein + Norway), 5 countries

(Kazakhstan, Mexico, New Zealand, South Korea and Switzerland) and more than 10 provinces and cities (Connecticut, Tokyo, etc.) where the carbon markets have been established and operated. Taking the markets of European Union Emissions Trading System (EU ETS), New Zealand, Regional Greenhouse Gas Initiative (RGGI) and Tokyo as case study, this report analyzes the construction and operation of these four markets to provide experience reference for China's carbon market.

Keywords: European Union Emissions Trading System; New Zealand Emissions Trading System; Regional Greenhouse Gas Initiative; Tokyo Emissions Trading System

皮 书

智库报告的主要形式
同一主题智库报告的聚合

❖ 皮书定义 ❖

皮书是对中国与世界发展状况和热点问题进行年度监测，以专业的角度、专家的视野和实证研究方法，针对某一领域或区域现状与发展态势展开分析和预测，具备前沿性、原创性、实证性、连续性、时效性等特点的公开出版物，由一系列权威研究报告组成。

❖ 皮书作者 ❖

皮书系列报告作者以国内外一流研究机构、知名高校等重点智库的研究人员为主，多为相关领域一流专家学者，他们的观点代表了当下学界对中国与世界的现实和未来最高水平的解读与分析。截至 2021 年，皮书研创机构有近千家，报告作者累计超过 7 万人。

❖ 皮书荣誉 ❖

皮书系列已成为社会科学文献出版社的著名图书品牌和中国社会科学院的知名学术品牌。2016 年皮书系列正式列入"十三五"国家重点出版规划项目；2013~2021 年，重点皮书列入中国社会科学院承担的国家哲学社会科学创新工程项目。

中国皮书网

（网址：www.pishu.cn）

发布皮书研创资讯，传播皮书精彩内容
引领皮书出版潮流，打造皮书服务平台

栏目设置

◆ 关于皮书

何谓皮书、皮书分类、皮书大事记、
皮书荣誉、皮书出版第一人、皮书编辑部

◆ 最新资讯

通知公告、新闻动态、媒体聚焦、
网站专题、视频直播、下载专区

◆ 皮书研创

皮书规范、皮书选题、皮书出版、
皮书研究、研创团队

◆ 皮书评奖评价

指标体系、皮书评价、皮书评奖

◆ 皮书研究院理事会

理事会章程、理事单位、个人理事、高级
研究员、理事会秘书处、入会指南

◆ 互动专区

皮书说、社科数托邦、皮书微博、留言板

所获荣誉

◆ 2008 年、2011 年、2014 年，中国皮书
网均在全国新闻出版业网站荣誉评选中
获得"最具商业价值网站"称号；
◆ 2012 年,获得"出版业网站百强"称号。

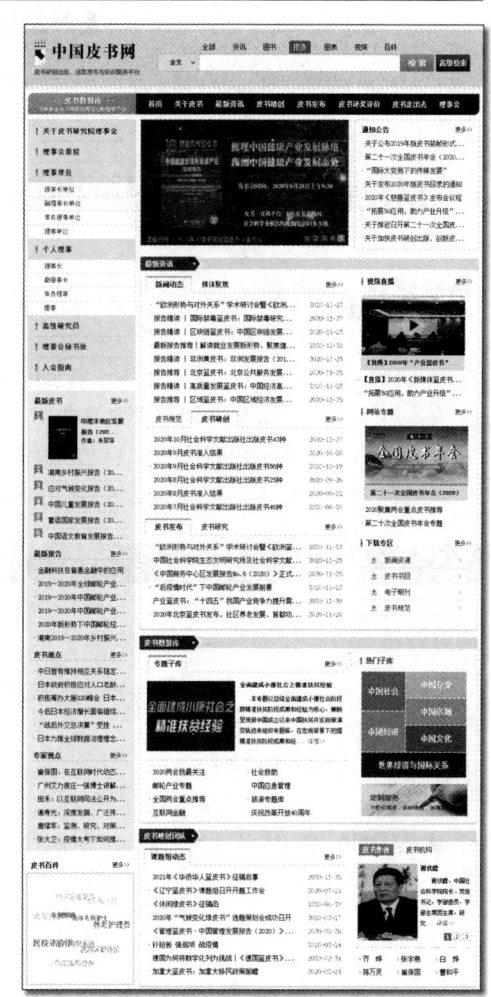

网库合一

2014年，中国皮书网与皮书数据库端口
合一，实现资源共享。

中国皮书网

权威报告・一手数据・特色资源

皮书数据库
ANNUAL REPORT(YEARBOOK)
DATABASE

分析解读当下中国发展变迁的高端智库平台

所获荣誉

- 2019年，入围国家新闻出版署数字出版精品遴选推荐计划项目
- 2016年，入选"'十三五'国家重点电子出版物出版规划骨干工程"
- 2015年，荣获"搜索中国正能量 点赞2015""创新中国科技创新奖"
- 2013年，荣获"中国出版政府奖・网络出版物奖"提名奖
- 连续多年荣获中国数字出版博览会"数字出版・优秀品牌"奖

成为会员

通过网址www.pishu.com.cn访问皮书数据库网站或下载皮书数据库APP，进行手机号码验证或邮箱验证即可成为皮书数据库会员。

会员福利

- 已注册用户购书后可免费获赠100元皮书数据库充值卡。刮开充值卡涂层获取充值密码，登录并进入"会员中心"—"在线充值"—"充值卡充值"，充值成功即可购买和查看数据库内容。
- 会员福利最终解释权归社会科学文献出版社所有。

社会科学文献出版社 皮书系列
SOCIAL SCIENCES ACADEMIC PRESS (CHINA)

卡号：762544743519

密码：

数据库服务热线：400-008-6695
数据库服务QQ：2475522410
数据库服务邮箱：database@ssap.cn
图书销售热线：010-59367070/7028
图书服务QQ：1265056568
图书服务邮箱：duzhe@ssap.cn

S 基本子库
UB DATABASE

中国社会发展数据库（下设 12 个子库）

整合国内外中国社会发展研究成果，汇聚独家统计数据、深度分析报告，涉及社会、人口、政治、教育、法律等 12 个领域，为了解中国社会发展动态、跟踪社会核心热点、分析社会发展趋势提供一站式资源搜索和数据服务。

中国经济发展数据库（下设 12 个子库）

围绕国内外中国经济发展主题研究报告、学术资讯、基础数据等资料构建，内容涵盖宏观经济、农业经济、工业经济、产业经济等 12 个重点经济领域，为实时掌控经济运行态势、把握经济发展规律、洞察经济形势、进行经济决策提供参考和依据。

中国行业发展数据库（下设 17 个子库）

以中国国民经济行业分类为依据，覆盖金融业、旅游、医疗卫生、交通运输、能源矿产等 100 多个行业，跟踪分析国民经济相关行业市场运行状况和政策导向，汇集行业发展前沿资讯，为投资、从业及各种经济决策提供理论基础和实践指导。

中国区域发展数据库（下设 6 个子库）

对中国特定区域内的经济、社会、文化等领域现状与发展情况进行深度分析和预测，研究层级至县及县以下行政区，涉及省份、区域经济体、城市、农村等不同维度，为地方经济社会宏观态势研究、发展经验研究、案例分析提供数据服务。

中国文化传媒数据库（下设 18 个子库）

汇聚文化传媒领域专家观点、热点资讯，梳理国内外中国文化发展相关学术研究成果、一手统计数据，涵盖文化产业、新闻传播、电影娱乐、文学艺术、群众文化等 18 个重点研究领域。为文化传媒研究提供相关数据、研究报告和综合分析服务。

世界经济与国际关系数据库（下设 6 个子库）

立足"皮书系列"世界经济、国际关系相关学术资源，整合世界经济、国际政治、世界文化与科技、全球性问题、国际组织与国际法、区域研究 6 大领域研究成果，为世界经济与国际关系研究提供全方位数据分析，为决策和形势研判提供参考。

法律声明